▲ 制作简单的相册模板　　　　▲ 置入链接的智能对象

▲ 置入嵌入对象

▲ 制作优惠券领取界面

▲ 制作分形图案　　　　▲ 制作三折页版面

▲ 制作运动海报

▲ 制作整齐版面　　　　▲ 制作化妆品展示效果

▲ 制作立体包装效果　　　　▲ 制作图像创意拼合效果　　　　▲ 制作穿插效果

▲ 制作促销横幅广告　　▲ 制作感恩卡　　▲ 制作艺术字海报

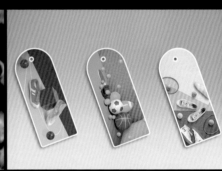

▲ 使用【图案图章】工具　▲ 制作登录界面　　▲ 制作吊牌效果

▲ 制作CD封套　　▲ 制作邮票效果　　▲ 制作App图标

▲ 制作服装广告　　▲ 制作网页广告　　▲ 减淡肤色

▲ 使用【图框】工具

▲ 更换人物背景

▲ 制作图像拼合效果

▲ 制作折扣券

▲ 制作汽车服务广告

▲ 抠取透明冰块

▲ 制作饰品广告

▲ 制作美食广告

▲ 制作业务名片

▲ 制作电商购物节广告

▲ 制作立体按钮效果

▲ 制作粉笔字风格插图

本书精彩案例欣赏

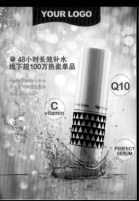
▲ 制作化妆品广告

▲ 缩放图层样式

▲ 制作节日海报

▲ 制作糖果字效果

▲ 添加自定义图层样式

▲ 添加倒影效果

▲ 制作App界面

▲ 制作网站首页

▲ 制作赛事海报

▲ 制作图像创意拼合效果

▲ 处理人像写真调色

▲ 制作啤酒广告

徐珊珊 曹凯 宋扬 编著

Photoshop 2022
从入门到精通（微视频版）

内 容 简 介

本书以通俗易懂的语言、翔实生动的案例全面介绍了图像处理软件Photoshop 2022的使用方法和技巧。全书共分13章，内容涵盖了Photoshop入门知识、Photoshop基本操作、选区与填充操作、绘画功能的应用、矢量绘图应用、图像细节修饰、抠图与合成技术、图像调色技术、图层混合与图层样式、文字与版面设计、使用滤镜特效、文档的自动处理和综合实例应用等，力求为读者带来良好的学习体验。

与书中内容同步的案例操作二维码教学视频可供读者随时扫码学习。本书具有很强的实用性和可操作性，可作为Photoshop初学者的自学教程，也可作为平面设计师快速提升设计水平的首选参考书，还可作为高等院校和培训机构平面设计以及相关专业的教材。

本书配套的电子课件、实例源文件、扩展教学资料可以到http://www.tupwk.com.cn/downpage网站下载，也可以扫描前言中的"扫码推送配套资源到邮箱"二维码获取。扫码前言中的"扫一扫，看视频"二维码可以直接观看教学视频。

图书在版编目(CIP)数据

Photoshop 2022从入门到精通：微视频版 / 徐珊珊，曹凯，宋扬编著. —北京：清华大学出版社，2022.8

ISBN 978-7-302-61401-2

Ⅰ. ①P… Ⅱ. ①徐… ②曹… ③宋… Ⅲ. ①图像处理软件 Ⅳ. ①TP391.413

中国版本图书馆CIP数据核字(2022)第134344号

责任编辑：胡辰浩
封面设计：高娟妮
版式设计：妙思品位
责任校对：成凤进
责任印制：曹婉颖

出版发行：清华大学出版社

网　　址：http://www.tup.com.cn，http://www.wqbook.com

地　　址：北京清华大学学研大厦A座　　　　邮　编：100084

社 总 机：010-83470000　　　　　　　　　邮　购：010-62786544

投稿与读者服务：010-62776969，c-service@tup.tsinghua.edu.cn

质 量 反 馈：010-62772015，zhiliang@tup.tsinghua.edu.cn

印 装 者：三河市龙大印装有限公司

经　　销：全国新华书店

开　　本：190mm×260mm　　印　　张：20.75　　彩　插：2　　字　　数：642千字

版　　次：2022年10月第1版　　　　　印　　次：2022年10月第1次印刷

定　　价：118.00元

产品编号：087153-01

前言
PREFACE

Photoshop 是 Adobe 公司旗下最为著名的图像处理软件之一，主要用于处理由像素构成的数字图像，是一款专业的位图编辑软件。Photoshop 应用领域广泛，在图形、图像、文字、视频等方面均有应用，在当下热门的淘宝美工、平面广告、出版印刷、UI 设计、网页制作、产品包装、书籍装帧等方面都有着不可替代的重要作用，本书所讲解的软件版本为 Photoshop 2022。

本书主要内容

本书内容丰富、信息量大，文字通俗易懂，讲解深入透彻，案例精彩、实用性强。通过本书读者不但可以系统全面地学习 Photoshop 基本概念和操作技巧，还可以通过大量精美案例拓展设计思路，掌握 Photoshop 在图片处理、海报创作、创意设计、产品包装等方面的应用技巧，轻松完成各类设计工作。

第 1 章主要讲解 Photoshop 的基础知识，包括认识工作区，在 Photoshop 中新建、打开、置入、存储和打印文件等操作，以及查看图像细节的方法。

第 2 章主要讲解编辑图像的基本操作，理解【图层】的概念，并学习画板、裁剪、复制 / 粘贴图像、变形图像以及辅助工具的使用方法。

第 3 章主要讲解选区的绘制方法，以及对选区进行颜色设置、渐变及图案填充。

第 4 章主要讲解 Photoshop 的绘画功能，包括【画笔】工具、【橡皮擦】工具和【画笔设置】面板的使用方法。

第 5 章主要讲解 Photoshop 的矢量绘图功能，包括【钢笔】工具和形状工具组的使用和设置方法。

第 6 章主要讲解使用 Photoshop 修饰图像细节的方法及技巧，其中包括【仿制图章】工具、【修补】工具、【污点修复画笔】工具和【修复】画笔工具等常用工具的使用方法。

第 7 章主要讲解抠取图像内容与合成图像的技术，包括基于颜色差异进行抠图、使用钢笔工具进行精确抠图、使用通道抠出特殊对象等。

第 8 章主要讲解调整图像色调和颜色的操作方法，通过调色技术的使用，制作各种风格化效果。

第 9 章主要讲解图层混合与图层样式的应用技巧，通过调整图层的混合模式、不透明度，添加图层样式等操作，实现丰富多彩的图像效果。

第 10 章主要讲解创建文字，编排版式的方法及技巧，并配合参数设置面板来修改文字显示效果。

第 11 章主要讲解滤镜的使用方法与技巧，包括独立滤镜、校正滤镜、变形滤镜、效果滤镜和其他滤镜的应用方法。

第 12 章主要讲解文档的自动处理操作，将一个或多个图像以某种特定的规律进行变换从而提高工作效率。

第 13 章主要讲解 Photoshop 在平面设计、界面设计、创意设计和后期编辑中的综合应用操作流程。

前 言

本书主要特色

图文并茂，内容全面，轻松易学

本书几乎涵盖了 Photoshop 所有工具和命令的常用功能，采用互动练习的编写模式，便于读者动手实操，快速掌握应用方法。本书同时通过"练一练"和"举一反三"的扩展内容来帮助读者巩固知识，熟悉实战操作流程，达到触类旁通的效果。

案例精彩，实用性强，可随时随地扫码进行学习

本书在进行案例讲解时，都配备相应的教学视频，详细讲解软件的操作要领，让读者快速领会操作技巧。案例中的各个知识点在关键处给出提示和注意事项，从理论的讲解到案例完成效果的展示，都进行了全程式的互动教学，让读者真正快速地掌握软件应用实战技能。

配套资源丰富，全方位扩展应用能力

本书提供电子课件、实例源文件、Photoshop 预设样式、笔刷、动作文件等资源以及与本书内容相关的扩展教学资源。读者可以扫描下方的"扫码推送配套资源到邮箱"二维码或通过登录本书信息支持网站 (http://www.tupwk.com.cn/downpage) 下载相关资料。扫描下方的"扫一扫，看视频"二维码可以直接观看本书配套的教学视频。

扫一扫，看视频

扫码推送配套资源到邮箱

本书由哈尔滨华德学院的徐珊珊、曹凯和哈尔滨广厦学院的宋扬合作编写，其中徐珊珊编写了第 1、2、3、6、12 章，曹凯编写了第 5、8、11、13 章，宋扬编写了第 4、7、9、10 章。由于作者水平有限，书中难免有不足之处，欢迎广大读者批评指正。我们的邮箱是 992116@qq.com，电话是010-62796045。

编 者

2022 年 5 月

目录

CONTENTS

第3章　创建简单选区

第 12 章　文档的自动处理

目 录

第1章
Photoshop 入门

本章内容简介

　　本章主要讲解 Photoshop 基础知识，包括认识 Photoshop 工作区；在 Photoshop 中新建、打开、置入、存储、打印文件等基本操作；在 Photoshop 中查看图像细节的方法；学习操作的撤销与还原方法。

本章重点内容

- 熟悉 Photoshop 的工作界面
- 掌握【新建】【打开】【置入嵌入对象】【存储】命令的使用
- 掌握【缩放】和【抓手】工具的使用
- 掌握【还原】与【重做】命令的使用
- 掌握【历史记录】面板的使用

练一练 & 举一反三详解

1.1 初识 Photoshop

Photoshop 也就是大家常说的 PS，全称为 Adobe Photoshop，是由 Adobe 公司开发和发行的图像处理软件。Photoshop 难学吗？怎么学？本节将解答这些问题。

1.1.1 Photoshop 简介

Photoshop 主要处理以像素构成的数字图像。其既是画笔，又是纸张，我们可以在 Photoshop 中随意绘画，随意插入图片、文字。Photoshop 的很多功能，在图像、图形、文字、视频、出版等各方面都有涉及。掌握 Photoshop，数字化制图的过程不仅会节省时间，更能精准地传达我们所要表现的意图。它是一款设计师必备的软件。

从 20 世纪 90 年代至今，Photoshop 经历了多次版本的更新，比较早期的是 Photoshop 5.0、Photoshop 6.0、Photoshop 7.0，直到 2003 年，Adobe Photoshop 8 被更名为 Adobe Photoshop CS。2013 年 7 月，Adobe 公司推出了新版本的 Photoshop CC，自此，Photoshop CS6 作为 Adobe CS 系列的最后一个版本被新的 CC 系列取代。目前，Adobe Photoshop 2022 为市场上最新的版本。

提示：选择适合自己的 Photoshop 版本

虽然每个版本的升级都会有性能上的提升和功能上的改进，但是在日常工作中并不一定非要使用最新版本。因为，新版本虽然会有功能上的更新，但是对设备的要求也会有所提升，在软件运行过程中就可能会消耗更多的资源。如果我们在使用新版本的时候，感觉运行不流畅，操作反应慢，影响工作效率，这时就要考虑是否因为计算机配置无法满足 Photoshop 的运行。因此，虽然我们学习的是 Photoshop 2022，但是可以尝试使用低版本的 Photoshop CC 2019 或 Photoshop 2020。低版本与 Photoshop 2022 相比，除去部分功能上的差别，几乎不影响使用。

1.1.2 如何学习 Photoshop

随着数字技术的普及，Photoshop 不再只是专业人员手中的利器，普通人也可以享受其带来的便利与快乐。Photoshop 的使用其实很简单。下面介绍如何利用本书有效地学习 Photoshop。

1. 观看视频，系统学习

如果你想要在最短的时间内达到能够简单使用 Photoshop 处理图像，建议你先观看一套入门级的教学视频，或是根据自己的需求观看本书中相关章节的配套视频。本书配套的功能演示视频短小精悍，通过它可以快速了解 Photoshop 的功能及其使用方法，也可以跟着视频一起尝试使用。

2. 敢于尝试，别背参数

在学习过程中，你会发现 Photoshop 中的工具或命令包含着大量的参数或选项设置。面对这些参数和选项，一定要敢于尝试，如调整数值到最大、最小或中间值，分别观察效果；左右移动滑块位置，看图像发生了什么样的变化。通过动手尝试，更容易直观地理解参数或选项的用途。

3. 学会举一反三，在临摹中进步

在了解了 Photoshop 的常用功能后，需要通过大量的练习来提升熟练程度和操作技巧。可以在各大

设计网站欣赏优秀设计作品的同时，选择适合自己水平的优秀作品进行临摹，通过观察优秀作品的构图、配色、元素的应用及细节，思考、尝试制作方法，尽可能地仿制作品。在这个过程中，可以培养自己独立思考、独立解决制作过程中遇到的技术问题的能力。

4. 利用网络，自学成才

在独立作图时，肯定会遇到各种各样的问题。这个时候，可以在网络上利用搜索引擎快捷地找到自己需要的内容。网络上有非常多的教学资源。善于利用网络自主学习是非常有效的自我提升的方法。

1.2　开启 Photoshop 之旅

成功安装 Photoshop 之后，在程序菜单中找到并单击 Adobe Photoshop 选项，或双击桌面的 Adobe Photoshop 快捷方式，即可启动 Photoshop。如果在 Photoshop 中进行过一些文档的操作，在主屏幕中会显示之前操作过的文档。

1.2.1　Photoshop 工作界面

在 Photoshop 2022 中打开任意图像文件，即可显示【基本功能 (默认)】工作区。该工作区由菜单栏、选项栏、标题栏、工具面板、状态栏、文档窗口以及多个面板组成。

1. 菜单栏

菜单栏是 Photoshop 工作界面的重要组成部分。Photoshop 2022 按照功能分类，提供了【文件】【编辑】【图像】【图层】【文字】【选择】【滤镜】【3D】【视图】【增效工具】【窗口】和【帮助】12 个菜单。

❶ 单击其中一个菜单，即可打开相应的菜单列表。每个菜单都包含多个命令，如果命令显示为浅灰色，则表示该命令目前状态为不可执行；而带有 ▶ 符号的命令，表示该命令还包含多个子命令。

❷ 有些命令右侧的字母组合代表该命令的键盘快捷键，按下该字母快捷键即可快速执行该命令；有些命令右侧只提供了快捷键字母，此时可以按下 Alt 键 + 主菜单右侧的快捷键字母，再按下命令后的快捷键字母，即可执行该命令。

❸ 命令后面带省略号，则表示执行该命令后，工作区中将会显示相应的设置对话框。

2. 自定义菜单

在 Photoshop 中，可以将不常用的菜单命令进行隐藏，使菜单列表更加简洁、清晰，便于查找命令；还可以为常用的菜单命令添加颜色，使其易于识别。

❶ 选择【编辑】|【菜单】命令，打开【键盘快捷键和菜单】对话框；或选择【窗口】|【工作区】|【键盘快捷键和菜单】命令，打开【键盘快捷键和菜单】对话框。在该对话框中，选择【菜单】选项卡。

扫一扫，看视频

❷ 在【应用程序菜单命令】选项列表中，单击【文件】菜单组前的 ▶ 图标，展开菜单。

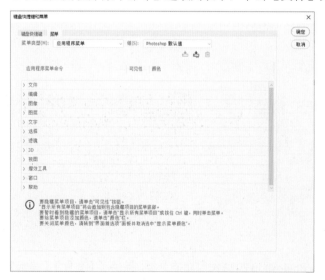

❸ 选择【在 Bridge 中浏览】命令，单击【可见性】栏中的 ◉ 图标可以隐藏其在菜单栏中的显示，再次单击可以重新将其显示在菜单栏中。

❹ 选择【新建】命令，单击【颜色】栏中的选项，在弹出的下拉列表中选择【红色】选项，设置菜单颜色。

❺ 单击【根据当前菜单组创建一个新组】按钮，在打开的【另存为】对话框的【文件名】文本框中输入"自定义菜单"，并单击【保存】按钮，关闭【另存为】对话框。

❻ 设置完成后，单击【确定】按钮，关闭【键盘快捷键和菜单】对话框。此时，再次选择【文件】菜单，即可看到对【文件】菜单所做的修改。

提示：显示隐藏的菜单命令

当需要使用被隐藏的命令时，按住 Ctrl 键并单击菜单名称,展开的菜单中即可显示被隐藏的命令名称。

3. 自定义快捷键

Photoshop 为常用的工具、命令和面板配备了快捷键。通过快捷键完成工作任务，可以减少操作步骤，提高操作速度。Photoshop 还提供了自定义修改快捷键的权限，用户可根据自己的操作习惯来定义菜单快捷键、面板快捷键，以及工具面板中各个工具的快捷键。

扫一扫，看视频

❶ 选择【编辑】|【键盘快捷键】命令，或选择【窗口】|【工作区】|【键盘快捷键和菜单】命令，打开【键盘快捷键和菜单】对话框。

❷ 在【键盘快捷键和菜单】对话框的【快捷键用于】下拉列表中提供了【应用程序菜单】【面板菜单】【工具】和【任务空间】4 个选项。

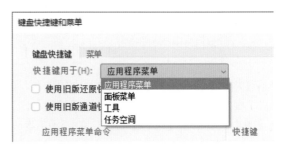

● 选择【应用程序菜单】选项后，在下方列表框中单击展开某一菜单后，再单击需要添加或修改快捷键的命令，即可输入新的快捷键。

● 选择【面板菜单】选项，可以对某个面板的相关操作定义快捷键。

● 选择【工具】选项，可为工具面板中的各个工具选项设置快捷键。

● 选择【任务空间】选项，可以为【内容识别填充】和【选择并遮住】工作区设置快捷键。

❸ 在【工具面板命令】列表中，选中【抓手工具】，其右侧的文本框中会显示快捷键H，单击【删除快捷键】按钮将其删除。

❹ 选中【转换点】工具，在显示的文本框中输入H，为【转换点】工具指定快捷键。

❺ 单击【根据当前的快捷键组创建一组新的快捷键】按钮，在打开的【另存为】对话框的【文件名】文本框中输入"自定工具快捷键"，单击【保存】按钮，关闭【另存为】对话框。

❻ 设置完成后，单击【确定】按钮，关闭【键盘快捷键和菜单】对话框。在工具面板的【钢笔】工具上单击鼠标，并长按鼠标左键，显示工具组，可以看到【转换点】工具后显示快捷键H。

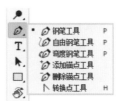

提示：快捷键设置注意事项

在设置键盘快捷键时，如果设置的快捷键已经被使用或禁用该种组合的按键方式，会在【键盘快捷键和菜单】对话框的下方区域中显示警告文字信息进行提醒。如果设置的快捷键是无效的快捷键，快捷键文本框右侧会显示⊗图标。如果设置的快捷键与已经在使用的快捷键发生冲突，快捷键文本框右侧会显示▲图标。此时，单击【键盘快捷键和菜单】对话框底部的【还原更改】按钮，可以重新设置快捷键；单击【接受并转到冲突处】按钮，可以应用快捷键，并转到冲突处重新设置快捷键。

4. 文档窗口和状态栏

文档窗口是显示图像内容的地方。打开的图像文件默认以选项卡模式显示在工作区中，其上方的标签会显示图像的相关信息，包括文件名、显示比例、颜色模式和位深度等。

提示：

如果需要自定义主屏幕中显示的最近打开的文档数，选择【编辑】|【首选项】|【文件处理】命令，打开【首选项】对话框，然后在【近期文件列表包含】数值框中指定所需的数值 (0~100)，默认数值为 20。

状态栏位于文档窗口的下方，用于显示当前文档的尺寸、当前工具和窗口缩放比例等信息，单击状态栏中的 〉按钮，从弹出的菜单中可以设置要显示的内容。

7

5. 工具面板与选项栏

在 Photoshop 工具面板 (也称工具栏) 中，包含很多工具图标，依照功能与用途大致可分为选取、编辑、绘图、修图、路径、文字、填色及预览类工具。

❶ 单击工具面板中的工具按钮图标，即可选中并使用该工具。

❷ 如果某工具按钮图标右下方有一个三角形符号，则表示该工具还有弹出式的工具组。单击该工具按钮则会出现一个工具组，将鼠标移到工具图标上即可切换不同的工具，也可以按住 Alt 键并单击工具按钮图标以切换工具组中不同的工具。另外，用户还可以通过快捷键来选择工具，工具名称后的字母即是工具快捷键。

❸ 工具面板底部还有三组控件。填充颜色控件用于设置前景色与背景色；工作模式控件用来选择以标准工作模式还是快速蒙版工作模式进行图像编辑；更改屏幕模式控件用来切换屏幕模式。

提示：双排显示工具面板

当 Photoshop 的工具面板无法完全显示时，可以将单排显示的工具面板折叠为双排显示。单击工具面板左上角的 ➤➤ 按钮可以将其设置为双排显示。在双排显示模式下，单击工具面板左上角的 ◀◀ 按钮即可还原回单排显示模式。

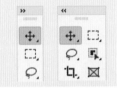

选项栏在 Photoshop 的应用中具有非常重要的作用。它位于菜单栏的下方。当选中工具面板中的任意工具时，选项栏就会显示相应的工具属性设置选项，可以很方便地利用它来设置工具的各种属性。

提示：如何恢复默认选项栏？

在选项栏中设置完参数后，如果想将该工具选项栏中的参数恢复为默认值，可以在选项栏左侧的工具图标处右击，从弹出的快捷菜单中选择【复位工具】命令或【复位所有工具】命令。选择【复位工具】命令，即可将当前工具选项栏中的参数恢复为默认值。如果想将所有工具选项栏的参数恢复为默认设置，可以选择【复位所有工具】命令。

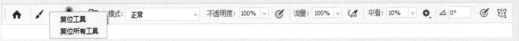

6. 自定义工具栏

在 Photoshop 中，用户可以自定义工具栏，将多个常用工具归为一组并实现更多操作。

扫一扫，看视频

❶ 选择【编辑】|【工具栏】命令，或长按位于工具面板中的 … 按钮，然后选择【编辑工具栏】命令，可以打开【自定义工具栏】对话框。

❷ 在该对话框左侧的【工具栏】列表框中显示了当前工具面板中所包含的工具及工具分组。可以在【工具栏】列表框中根据个人的操作需求重新排列、组合工具，以便简化编辑处理的工作流程，提高工作效率。在【工具栏】列表框中选中需要调整位置的工具或工具组，当其周围出现蓝色边框线时，将其拖到所需位置 (出现蓝色线条)，释放鼠标即可。

❸ 用户若要将超出数量限制、未使用或使用频率较低的工具放入【附加工具】栏中，在【工具栏】列表框中选中需放入【附加工具】栏中的工具或工具组，当其周围出现蓝色边框线时，将其拖至对话框右侧的【附加工具】列表框中即可。

❹ 工具栏调整完成后，可以单击【存储预设】按钮，在打开的【另存为】对话框中存储自定义的工具栏。

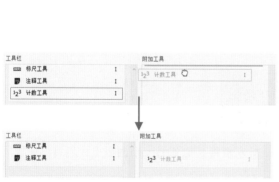

❺ 存储完成后，单击【自定义工具栏】对话框中的【完成】按钮，关闭对话框。【自定义工具栏】对话框中还有几个功能按钮，其作用如下。

👉 单击【恢复默认值】按钮，可以恢复默认【工具栏】。

👉 单击【清除工具】按钮，可以将【工具栏】列表框中的所有工具移至【附加工具】列表框中。

👉 单击【载入预设】按钮，可以打开先前存储的自定义工具栏。

7. 面板

面板是 Photoshop 工作区中经常使用的组成部分，主要用来配合图像的编辑、对操作进行控制以及设置参数等。默认情况下，面板位于工作区的右侧。

❶ 默认情况下，常用的一些面板位于工作区右侧的堆栈中。单击其中一个面板名称，即可切换到相对应的面板。

❷ 一些未显示的面板，可以通过选择【窗口】菜单中的相应命令使其显示在工作区内。

❸ 对于暂时不需要使用的面板，可以将其折叠或关闭，以增大文档窗口显示区域的面积。单击面板右上角的 ⏩ 按钮，可以将面板折叠为图标。单击面板右上角的 ⏪ 按钮可以展开面板。可以通过面板菜单中的【关闭】命令关闭面板，或选择【关闭选项卡组】命令关闭面板组。

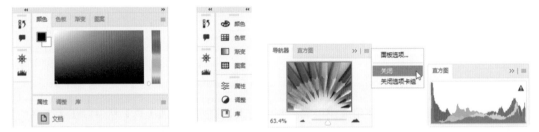

❹ Photoshop 应用程序中将 20 多个功能面板进行了分组。显示的功能面板默认会被拼贴在固定区域。如果要将面板组中的面板移到固定区域外，可以使用鼠标单击面板选项卡的名称位置，并按住鼠标左键将其拖到面板组以外，将该面板变成浮动式面板，放置在工作区中的任意位置。

❺ 在一个独立面板的选项卡名称位置处单击，然后按住鼠标左键将其拖到另一个面板上，当目标面板周围出现蓝色的边框时释放鼠标，即可将两个面板组合在一起。

❻ 为了节省空间，我们还可以将组合的面板停靠在工作区右侧的边缘位置，或与其他的面板组停靠在一起。拖动面板组上方的标题栏或选项卡位置，将其移到另一组或一个面板边缘位置。当看到一条水平的蓝色线条时，释放鼠标即可将该面板组停靠在其他面板或面板组的边缘位置。

  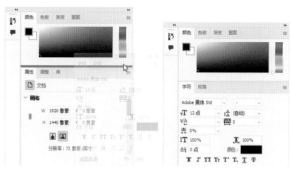

 提示：如何恢复工作区的默认状态

　　学习完本节内容后，一些不需要的面板会被打开，工作区中的面板位置也会被打乱。一个一个地重新拖曳调整，费时又费力，这时选择【窗口】|【工作区】|【复位基本功能】命令，即可将凌乱的工作区恢复到默认状态。

1.2.2　选择合适的工作界面

　　Photoshop 为有不同制图需求的用户提供了多种工作区。选择【窗口】|【工作区】命令，在弹出的子菜单中选择相应命令可以切换工作区类型；在选项栏右侧单击【选择工作区】按钮，在弹出的菜单中选择相应命令也可以切换工作区类型。不同的工作区差别主要在于面板和工具面板的显示。

 提示：为什么软件界面的颜色不同

　　默认的 Photoshop 界面颜色为深色，想要更改界面颜色，可以选择【编辑】|【首选项】|【界面】命令，弹出【首选项】对话框，在【界面】选项卡的【颜色方案】中选择一种浅色的方案，并单击【确定】按钮。

1.2.3　自定义工作区

　　在实际操作中，有些面板比较常用，有些面板则几乎不会使用。可以在【窗口】菜单下关闭部分面板，只保留必要的面板。
❶ 选择【窗口】|【工作区】|【新建工作区】命令，可以将当前工作区的状态存储为可以

扫一扫，看视频

随时使用的工作区。

❷ 在弹出的【新建工作区】对话框中，为工作区设置一个名称，同时在【捕捉】选项组中选择修改过的工作区元素，接着单击【存储】按钮，即可存储当前工作区。

❸ 再次选择【窗口】|【工作区】命令，在子菜单下可以选择上一步自定义的工作区。

提示：删除自定义工作区

选择【窗口】|【工作区】|【删除工作区】命令，在弹出的【删除工作区】对话框中选择需要删除的工作区名称后，单击【删除】按钮。

1.2.4　退出 Photoshop

当用户完成设计后，就可以关闭软件了。单击工作区右上角的【关闭】按钮 × ，即可关闭工作区；也可以选择【文件】|【退出】命令，或按 Ctrl+Q 快捷键退出 Photoshop。

1.3　文件操作

熟悉 Photoshop 的操作界面后，用户就可以开始正式学习 Photoshop 的功能了。打开 Photoshop 后，用户需要新建文件或打开已有的文件。在对文件的编辑过程中还经常会使用到置入操作，文件制作完成后需要对文件进行存储。下面将一一介绍这些常用的、应该掌握的基础知识。

1.3.1　在 Photoshop 中新建文档

打开 Photoshop 后，要想进行设计作品的制作，就必须新建一个文档。新建文档之前，用户首先要考虑新建文档的尺寸、分辨率、颜色模式，然后在【新建文档】对话框中进行设置。

扫一扫，看视频

❶ 启动 Photoshop 后，在主屏幕中单击【新建】按钮，或选择菜单栏中的【文件】|【新建】命令，或按 Ctrl+N 快捷键，打开【新建文档】对话框。该对话框大致分为 3 部分：顶端是预设的尺寸选项组；左侧是预设选项或最近使用过的项目；右侧是自定义选项区域。

❷ 如果用户需要制作特殊尺寸的文档，就需要在该对话框的右侧区域进行设置。在右侧顶部的文本框中，可以输入文档名称，默认文档名称为"未标题-1"。

❸ 在【宽度】【高度】数值框中，设置文件的宽度和高度，其单位有【像素】【英寸】【厘米】【毫米】【点】和【派卡】6 个选项。在【方向】选项组中，单击【纵向】或【横向】按钮可以设置文档方向。选中其右侧的【画板】复选框，可以在新建文档的同时创建画板。

提示：如何保存经常使用的特殊尺寸文档

对于经常使用的特殊尺寸文档，用户可以在设置完成后，单击名称栏右侧的⬇按钮，在显示【保存文档预设】后，在保存文档名称栏中输入自定义预设名称，然后单击【保存预设】按钮，即可在【已保存】选项的下方看到保存的文档预设。

❹ 在【分辨率】选项组中，设置图像的分辨率，其单位有【像素 / 英寸】和【像素 / 厘米】两种。一般情况下，图像的分辨率越高，图像质量越好。

❺ 在【颜色模式】选项组的下拉列表中选择文件的颜色模式及相应的颜色位深度。

❻ 在【背景内容】下拉列表中选择文件的背景内容，有【白色】【黑色】【背景色】【透明】和【自定义】5 个选项。也可以单击右侧的色板图标，打开【拾色器 (新建文档背景颜色)】对话框自定义背景颜色。

❼ 单击【高级选项】右侧的❯按钮，展开隐藏的选项。其中包含【颜色配置文件】和【像素长宽比】选项。在【颜色配置文件】下拉列表中可以为文件选择一个颜色配置文件；在【像素长宽比】下拉列表中可以选择像素的长宽比。一般情况下，保持默认设置即可。设置完成后，单击【创建】按钮即可根据所有设置新建一个空白文档。

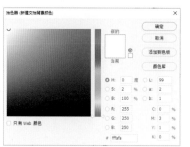

提示：如何快速创建常见尺寸的文档

根据不同行业，Photoshop 将常用的设计尺寸进行了分类，包含【照片】【打印】【图稿和插图】【Web】【移动设备】【胶片和视频】选项卡。用户可以根据需要在预设中找到所需要的尺寸。例如，设计用于排版、印刷的作品，那么单击【新建文档】对话框顶部的【打印】选项卡，即可在下方看到常用的打印尺寸；如果用于 UI 设计，那么单击【移动设备】选项卡，在下方就可以看到时下流行的电子移动设备的常用尺寸。

1.3.2　在 Photoshop 中打开文件

如果想要处理数码照片，或者继续编辑之前的设计文件，就需要在 Photoshop 中打开已有的文件。选择【文件】|【打开】命令，或按 Ctrl+O 快捷键，然后在弹出的【打开】对话框中找到文件所在的位置，选择所需打开的文件，接着单击【打开】按钮，即可在 Photoshop 中打开该文件。

1. 打开多个文档

在【打开】对话框中，可以一次性选择多个文档进行打开操作，可以按住鼠标左键拖动框选多个文档，也可以按住 Ctrl 键单击多个文档，然后单击【打开】按钮，即可打开被选中的多个文档。

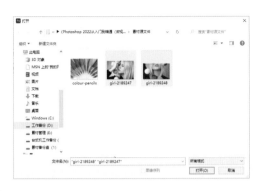

 提示：如何同时查看多个文档

　　默认情况下打开多个文档时，多个文档均合并在文档窗口中。将鼠标光标移至文档名称上，按住鼠标左键向界面外拖动，释放鼠标后，文档即为浮动的状态。若要恢复为堆叠的状态，可以将浮动的窗口拖至文档窗口上方，当出现蓝色边框后释放鼠标，即可完成文档的堆叠。

　　除了可以使文档窗口浮动之外，还可以通过设置窗口排列方式进行查看。选择【窗口】|【排列】命令，在子菜单中可以看到多种文档的显示方式，用户选择适合自己的方式即可。

2. 打开最近使用的文件

　　打开 Photoshop 后，主屏幕中会显示最近打开文档的缩览图，单击缩览图即可打开相应的文档。用户还可以选择【文件】|【最近打开文件】命令，在子菜单中单击文件名称即可将其在 Photoshop 中打开。如果要清除历史打开记录，可以选择该子菜单底部的【清除最近的文件列表】命令。

1.3.3 置入：在文档中添加其他格式的图片

使用 Photoshop 进行设计时，经常需要使用其他的图片元素丰富画面效果。使用置入文件功能可以实现 Photoshop 与其他图像编辑软件之间的数据交互。

1. 置入嵌入对象

扫一扫，看视频

❶ 选择【文件】|【打开】命令，打开一个图像文件。接着选择【文件】|【置入嵌入对象】命令，在打开的【置入嵌入的对象】对话框中选择需要置入的文件，单击【置入】按钮。

❷ 随即选择的文件会被置入当前文档内，此时置入的对象边缘会显示定界框和控制点。将光标移至置入图像的上方，按住鼠标左键并拖曳可以移动对象。

❸ 将光标定位在定界框四角以及边线中间处的控制点的上方并拖动，可以对置入图像的大小进行调整，向内拖动则缩小图像，向外拖动则放大图像。将光标移至定界框角点外，光标变为 ↰ 形状后，按住鼠标左键并拖曳，可旋转图像。

❹ 调整完成后，按 Enter 键即可完成置入操作。此时，在【图层】面板中可看到新置入的智能对象图层。

2. 编辑置入文件

　　置入后的素材图像会作为智能对象存在，在对图像进行移动、缩放或变形操作时不会降低图像的质量，但在智能对象上无法直接进行内容的编辑操作。

❶ 创建智能对象后，可以根据需要修改它的内容。若要编辑智能对象，可以直接双击智能对象图层中的缩览图，在弹出的提示对话框中，单击【确定】按钮，即可将智能对象在相关软件中打开。

❷ 在关联软件中修改完成后，只要重新存储，就会自动更新 Photoshop 中的智能对象。返回至编辑的图像文件，即可看到更新效果。

❸ 在 Photoshop 中编辑智能对象后，可将其按照原始的置入格式导出，以便其他程序使用。在【图层】面板中，右击智能对象图层，在弹出的快捷菜单中选择【导出内容】命令；或选中智能对象图层后，选择【图层】|【智能对象】|【导出内容】命令，打开【另存为】对话框进行设置，即可导出智能对象。

❹ 创建智能对象后，如果对其不是很满意，可以在【图层】面板中，右击智能对象图层，在弹出的快捷菜单中选择【替换内容】命令；或选中智能对象图层后，选择【图层】|【智能对象】|【替换内容】命令，打开【替换文件】对话框进行设置，可重新选择图像替换当前选择的智能对象。

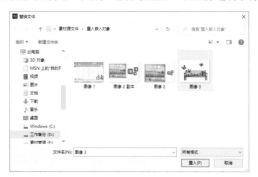 

提示：栅格化智能对象

选择【图层】|【智能对象】|【栅格化】命令可以将智能对象转换为普通图层。转换为普通图层后，原始图层缩览图上的智能对象标志也会消失。

3. 置入链接的智能对象

置入嵌入的图像，会增加文件的大小，当文件过于复杂时会影响软件的运行速度。因此，可以选择【文件】|【置入链接的智能对象】命令，将所需的图像作为智能对象链接到当前文档中。

扫一扫，看视频

❶ 选择【文件】|【打开】命令，打开一个图像文件。接着选择【文件】|【置入链接的智能对象】命令，在打开的【置入链接的对象】对话框中选择需要置入的文件，单击【置入】按钮。

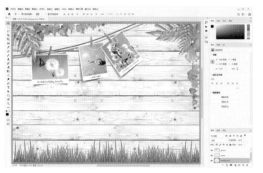 

❷ 按 Enter 键即可完成置入操作，保存并关闭文档。再在 Photoshop 中打开置入的图像文件，并调整图像内容，然后保存并关闭文档。

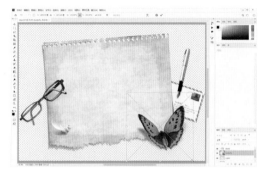

❸ 再次打开先前创建的文档，如果智能对象与源文件不同步，则在 Photoshop 中打开文档时，智能对象的图标上会出现警告图标。在【图层】面板中，右击智能对象图层，在弹出的快捷菜单中选择【更新修改的内容】命令；或选中智能对象图层后，选择【图层】|【智能对象】|【更新修改的内容】命令，可以更新当前文档中的所有链接的智能对象。

❹ 如果智能对象的源文件更换了存储位置，则在 Photoshop 中打开文档时，智能对象的图标上会出现警告图标。同时，Photoshop 会弹出提示对话框，要求用户重新指定源文件。在提示对话框中，单击【重新链接】按钮，会弹出【查找缺失文件】对话框。在该对话框中，重新选择源文件，单击【置入】按钮即可。

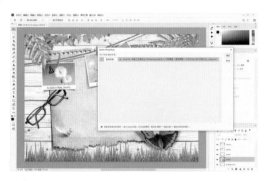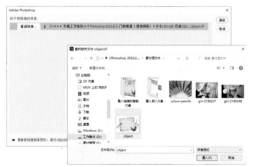

1.3.4　存储文件

　　对文档进行编辑后，应及时存储编辑结果，以免因 Photoshop 出现意外致程序错误、计算机出现程序错误或突发断电等情况时没有进行保存而造成的编辑效果丢失。Photoshop 的默认存储格式是 PSD 格式，能够保存图层、蒙版、通道、路径、文字、图层样式等设置。

1. 使用【存储】命令

❶ 对于第一次存储的图像文件，可以选择【文件】|【存储】命令，或按 Ctrl+S 快捷键打开【存储为】对话框进行保存。

扫一扫，看视频

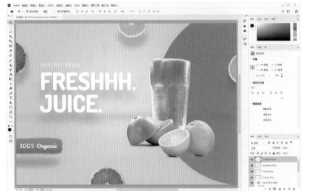

❷ 在打开的对话框中，可以指定文件的保存位置、保存类型和文件名。

❸ 在存储新建的文件时，默认格式为 Photoshop(*.PSD；*.PDD；*.PSDT)。选择该格式后，单击【保存】按钮，会弹出【Photoshop 格式选项】对话框，选中【最大兼容】复选框，可以保证当前文档在其他版本的 Photoshop 中也能够正确打开，在这里单击【确定】按钮即可保存文档；选中【不再显示】复选框，单击【确定】按钮，可以每次都采用当前设置，且不再显示该对话框。

 提示：方便的 PSD 格式

　　PSD 格式文件可以在 Adobe 公司的多款软件中应用，在实际操作中 PSD 格式的文件经常会被直接置入 Illustrator、InDesign 等平面设计软件中。除此之外，After Effects、Premiere 等影视后期制作软件也可以使用 PSD 格式的文件。

2. 使用【存储为】命令

　　如果想对编辑后的图像文件以其他文件格式或文件路径进行存储，可以选择【文件】|【存储为】命令或【文件】|【存储副本】命令。

❶ 编辑图像文件后，选择【文件】|【存储为】命令，或按 Shift+Ctrl+S 快捷键可打开【存储为】对话框。在【存储为】对话框的【保存类型】下拉列表中可以选择 *.PSD、*.PSB、*.PDF 和 *.TIF 四种文件格式。

扫一扫，看视频

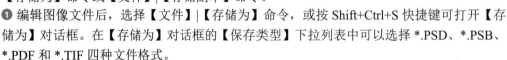

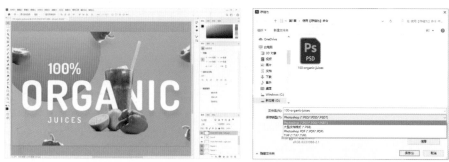

❷ 如果需要选择 *.BMP、*.JPEG 或 *.PNG 等其他文件格式，可以单击【存储为】对话框中的【存储副本】按钮，或直接选择【文件】|【存储副本】命令，打开【存储副本】对话框，即可在【保存类型】下拉列表中显示的所有文件格式中进行选择。

❸ 在【保存类型】下拉列表中选择另存图像文件的格式后，单击【保存】按钮，即可弹出相应的格式选项对话框。例如选择 *.JPEG 格式，在弹出的【JPEG 选项】对话框中，可以设置图像品质，然后单击【确定】按钮即可按设置进行存储。

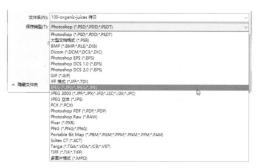

练一练　制作网店商品图

文件路径：第 1 章 \ 制作网店商品图
难易程度：★☆☆☆☆
技术掌握：置入对象、存储副本

扫一扫，看视频

案例效果：

● 举一反三 制作简单的相片模板

案例效果:

文件路径:第 1 章 \ 制作简单的相册模板	
难易程度:★☆☆☆☆	
技术掌握:置入对象、存储文件	扫一扫,看视频

● 1.3.5 快速导出文件

选择【文件】|【导出】|【快速导出为 PNG】命令,可以非常快速地将当前文件导出为 PNG 格式。这个命令还能快速将文件导出为其他格式文件。选择【文件】|【导出】|【导出首选项】命令,在打开的【首选项】对话框中可以设置快速导出的格式,在下拉列表中还可以选择 JPG、GIF 格式。选择不同的格式,在【首选项】对话框中可以进行相应参数的设置。如果设置为 JPG 格式,设置完成后在【文件】|【导出】菜单下就可以看到【快速导出为 JPG】命令。

● 1.3.6 关闭图像

同时打开几个图像文件窗口会占用一定的屏幕空间和系统资源。因此,在完成图像的编辑后,用户可以使用【文件】菜单中的命令,或单击窗口中的按钮关闭图像文件。Photoshop 提供了以下 4 种关闭文件的方法。

- 选择【文件】|【关闭】命令,或按 Ctrl+W 快捷键,或单击文档窗口文件名旁的【关闭】按钮,可以关闭当前处于激活状态的文件。使用这种方法关闭文件时,其他文件不受任何影响。
- 选择【文件】|【关闭全部】命令,或按 Alt+Ctrl+W 快捷键,可以关闭当前工作区中打开的所有文件。
- 选择【文件】|【关闭并转到 Bridge】命令,可以关闭当前处于激活状态的文件,然后打开 Bridge 操作界面。
- 选择【文件】|【退出】命令或者单击 Photoshop 工作区右上角的【关闭】按钮,可以关闭所有文件并退出 Photoshop。

● 1.4 查看图像

在使用 Photoshop 编辑图像文件的过程中,经常需要放大和缩小窗口的显示比例、移动画面的显示区域,以便更好地观察和处理图像。Photoshop 提供了用于缩放窗口的工具和命令,如切换屏幕模式、【缩放】工具、【抓手】工具、【导航器】面板等。

1.4.1　【缩放】工具：查看图像细节

在编辑处理图像的过程中，用户经常需要对编辑的图像频繁地放大或缩小显示，以便于进行图像的查看、编辑操作。此时，用户可以使用【缩放】工具。

❶ 单击工具面板中的【缩放】工具，将光标移到画面中。单击鼠标即可以单击的点为中心放大图像的显示比例，如需放大多倍，可以多次单击；也可以直接按下 Ctrl 键和"+"键放大图像显示比例。

❷ 【缩放】工具既可以放大图像，也可以缩小图像，在【缩放】工具选项栏中可以切换该工具的模式，单击【缩小】按钮可以切换到缩小模式。在画布中单击，可以缩小图像，也可以直接按下 Ctrl 键和"-"键缩小图像显示比例。

提示：使用 Alt 键切换【缩放】工具

使用【缩放】工具缩放图像的显示比例时，通过【选项栏】切换放大、缩小模式并不方便，因此可以配合使用 Alt 键来切换。在【缩放】工具的放大模式下，按住 Alt 就会切换成缩小模式，释放 Alt 键又可恢复为放大模式状态。

在【缩放】工具选项栏中，还可以看到一些其他选项。

- 【调整窗口大小以满屏显示】复选框：选中该复选框，在缩放窗口的同时自动调整窗口的大小。
- 【缩放所有窗口】复选框：选中该复选框，可以同时缩放所有打开的文档窗口中的图像。
- 【细微缩放】复选框：选中该复选框，在画面中单击并向左侧或右侧拖动鼠标，能够以平滑的方式快速缩小或放大窗口。

- 按钮：单击该按钮，图像以实际像素即 100% 的比例显示，也可以通过双击缩放工具来进行同样的调整。
- 【适合屏幕】按钮：单击该按钮，可以在窗口中最大化显示完整的图像。
- 【填充屏幕】按钮：单击该按钮，可以使图像充满文档窗口。

提示：使用命令缩放图像

通过选择【视图】菜单中的相关命令也可缩放图像。在【视图】菜单中，用户可以选择【放大】【缩小】【按屏幕大小缩放】【按屏幕大小缩放画板】、100%、200%，或【打印尺寸】命令。用户还可以使用命令后显示的快捷键缩放图像画面的显示，如按 Ctrl++ 快捷键可以放大显示图像画面；按 Ctrl+ - 快捷键可以缩小显示图像画面；按 Ctrl+0 快捷键可以按屏幕大小显示图像画面。

1.4.2 【抓手】工具：查看图像局部

当图像显示比例较大时，有些局部可能就无法显示，这时用户可以使用工具面板中的【抓手】工具，在画面中按住鼠标左键并拖曳。

提示：快速切换到【抓手】工具

在使用其他工具时，按 Space 键（空格键）即可快速切换到【抓手】工具状态。此时，在画面中按住鼠标左键并拖曳，即可平移画面。松开 Space 键时，工具会自动切换回之前使用的工具。

1.4.3 使用【导航器】面板查看图像

使用【导航器】面板不仅可以方便地对图像文件在窗口中的显示比例进行调整，而且还可以对图像文件的显示区域进行移动选择。

❶ 选择【文件】|【打开】命令，打开图像文件。选择【窗口】|【导航器】命令，打开【导航器】面板。

扫一扫，看视频

❷ 在【导航器】面板的缩放数值框中显示了窗口的显示比例，在数值框中输入数值可以更改显示比例。

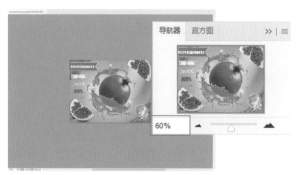

❸ 在【导航器】面板中单击【放大】按钮▲可放大图像在窗口的显示比例，单击【缩小】按钮▬则反之。用户也可以使用缩放比例滑块，调整图像文件窗口的显示比例。向左移动缩放比例滑块，可以缩小画面的显示比例；向右移动缩放比例滑块，可以放大画面的显示比例。在调整画面显示比例的同时，【导航器】面板中的红色矩形框大小也会进行相应的缩放。

❹ 当窗口中不能显示完整的图像时，将光标移至【导航器】面板的预览区域，光标会变为🖑形状。单击并拖动鼠标可以移动画面，预览区域内的图像会显示在文档窗口的中心。

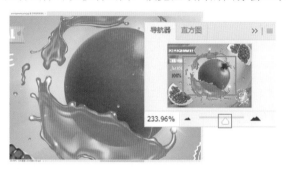

1.4.4　【旋转视图】工具

　　右击【抓手】工具按钮，可以看到其工具组中还有一个【旋转视图】工具🖐。单击该工具，接着在画面中按住鼠标左键并拖动，即可旋转图像画面。用户也可以在选项栏中设置特定的旋转角度。【旋转视图】工具旋转的是画面的显示角度，而不是对图像本身进行旋转。

1.5　错误操作的还原

使用 Photoshop 编辑图像文件的过程中，如果出现操作失误，用户可以通过菜单命令方便地撤销或恢复图像处理的操作步骤。

1.5.1　撤销与还原操作

进行图像编辑时，如果想撤销一步操作，可以选择【编辑】|【还原通过拷贝的图层 (操作步骤名称)】命令，或按 Ctrl+Z 快捷键。需要注意的是，该操作只能撤销对图像的编辑操作，不能撤销保存图像的操作。

如果想要恢复被撤销的操作，可以选择【编辑】|【重做通过拷贝的图层 (操作步骤名称)】命令，或按 Shift+Ctrl+Z 快捷键。

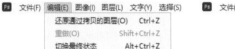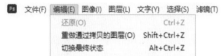

如果想要连续向前撤销编辑操作，可以连续按 Ctrl+Z 快捷键，按照【历史记录】面板中排列的操作顺序，逐步恢复操作步骤。进行撤销后，如果想连续恢复被撤销的操作，可以连续按 Shift+Ctrl+Z 快捷键。

提示：增加可撤销与恢复的步骤数目

默认情况下 Photoshop 2022 能够撤销 50 步历史操作，如果想要增加步骤数目，可以选择【编辑】|【首选项】|【性能】命令，打开【首选项】对话框，然后在【历史记录与高速缓存】选项组中，修改【历史记录状态】的数值即可。需要注意的是，将【历史记录状态】数值设置过大时，会占用更多的系统内存，影响 Photoshop 的运行速度。

1.5.2　恢复文件

对一个图像文件进行了一些编辑操作后，选择【文件】|【恢复】命令，可以直接将文件恢复到最后一次存储时的状态。如果一直没有进行存储操作，则可以返回到刚打开文件时的状态。

1.5.3　使用【历史记录】面板

在 Photoshop 中，对图像文档进行过的编辑操作都会记录在【历史记录】面板中。通过【历史记录】面板，可以对编辑操作进行撤销或恢复，以及将图像恢复为打开时的状态。

❶选择【文件】|【打开】命令，打开图像文件。选择【窗口】|【历史记录】命令，打开【历史记录】面板。当用户对图像进行一些编辑操作时，操作步骤就会被记录在【历史记录】面板中，单击其中某项历史记录操作，就可以使文档返回到之前的编辑状态。

扫一扫，看视频

❷ 在【调整】面板中，单击【创建新的曲线调整图层】按钮，在打开的【属性】面板中调整 RGB 通道曲线形状。

  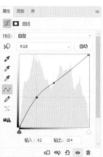

❸ 在【调整】面板中，单击【创建新的渐变映射调整图层】按钮，新建渐变映射图层。然后在【图层】面板中，设置【渐变映射 1】图层的混合模式为【柔光】和【不透明度】数值为 25%。在【属性】面板中，单击渐变色条，打开【渐变编辑器】窗口。在该窗口的【预设】选项组中，展开【红色】选项，单击预设渐变，然后单击【确定】按钮。

❹ 【历史记录】面板中保存的操作步骤默认为 50 步，然而在编辑图像的过程中一些操作需要更多的步骤才能完成。例如，使用【画笔】工具、【铅笔】工具、【颜色替换】工具、【模糊】工具、【锐化】工具、【涂抹】工具、【污点修复画笔】工具等绘画和修饰类工具时，每单击一下鼠标，就会被 Photoshop 记录为一个步骤。这种情况下，可以将完成的重要步骤创建为快照。当操作发生错误时，单击某一阶段的快照可以迅速将图像恢复到该状态，以弥补历史记录保存数量的局限。选择需要创建快照的状态，然后单击【创建新快照】按钮，即可新建快照。

 提示：如何设置快照

　　按住 Alt 键并单击【历史记录】面板中的【创建新快照】按钮，可以打开【新建快照】对话框。在该对话框的【名称】文本框中，可以输入快照名称。【自】下拉列表中包括【全文档】【合并的图层】【当前图层】选项。选择【全文档】选项可以为当前状态下图像中的所有图层创建快照；选择【合并的图层】选项，创建的快照会合并当前状态下图像中的所有图层；选择【当前图层】选项，只为当前状态下所选图层创建快照。

❺ 要删除操作步骤，选择一个操作步骤后，单击【删除当前状态】按钮 🗑 可将该操作步骤及其后的操作步骤删除。单击该按钮后，会弹出提示对话框询问是否要删除当前选中的操作步骤，单击【是】按钮即可删除指定的操作步骤。

 提示：如何还原被撤销的操作步骤

　　使用【历史记录】面板还可以还原被撤销的操作步骤，只需单击操作步骤中位于最后的操作步骤，即可将其前面的所有操作步骤 (包括单击的该操作步骤) 还原。还原被撤销操作步骤的前提是，在撤销该操作步骤后没有执行其他新的操作步骤，否则将无法恢复被撤销的操作步骤。

第2章
Photoshop 基本操作

本章内容简介

通过上一章的学习，我们已经能够在Photoshop中打开图像或创建新文件，并能够添加一些素材元素。本章主要学习一些最基本的操作。Photoshop中所有元素都是放置在图层上的，所以在学习其他操作之前必须充分理解【图层】的概念，并熟练掌握图层的基本操作方法。同时，在此基础上学习画板、裁剪、复制/粘贴图像、变形图像，以及辅助工具的使用方法等。

本章重点内容

- 掌握调整图像的方法
- 熟练掌握图层的操作
- 熟练掌握剪切、复制与粘贴操作
- 熟练掌握自由变换操作

练一练 & 举一反三详解

2.1 调整图像的尺寸及方向

当图像的尺寸及方向无法满足要求时，就需要进行调整。如上传证件照到网上报名系统，要求文件大小在200KB以内；或将相机拍摄的照片作为手机壁纸，需要将横版照片裁剪为竖版照片。学完本节后，用户可以轻松解决这些问题。

2.1.1 调整图像尺寸

❶ 要想调整图像尺寸，可以使用【图像大小】命令来完成。选择需要调整尺寸的图像文件，选择【图像】|【图像大小】命令，打开【图像大小】对话框。该对话框中的【尺寸】选项用于显示当前文档的尺寸。单击✓按钮，在弹出的下拉列表中可以选择尺寸单位。

扫一扫，看视频

❷ 如果要修改图像的像素大小，可以在【调整为】下拉列表中选择预设的图像大小。

❸ 修改图像的像素大小，也可以在下拉列表中选择【自定】选项，然后在【宽度】【高度】和【分辨率】数值框中输入数值。默认情况下选中【约束长宽比】按钮，修改【宽度】或【高度】数值时，另一个数值也会随之发生变化。修改像素大小后，新的图像大小会显示在【图像大小】对话框的顶部，原文件大小显示在括号内。【约束长宽比】按钮适用于将图像尺寸限定在某个范围内的情况。最后单击【确定】按钮，应用修改。

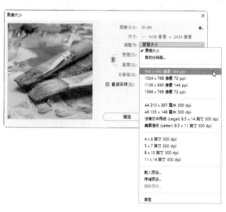
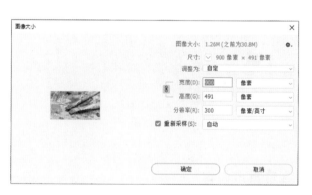

2.1.2 修改画布大小

画布是指图像文件可编辑的区域，对画布的尺寸进行调整可以在一定程度上影响图像尺寸的大小。使用【画布大小】命令可以增大或减小图像的画布。增大画布会在现有图像画面周围添加空间；减小图像的画布会裁剪图像画面。

❶ 选择【图像】|【画布大小】命令，打开【画布大小】对话框。在打开的【画布大小】对话框中，上方显示了图像文件当前的宽度和高度。

扫一扫，看视频

❷ 在【新建大小】选项组中重新设置，可以改变图像文件的宽度、高度和度量单位。在【宽度】和【高度】数值框中输入数值，可以设置修改后的画布尺寸。如果选中【相对】复选框，【宽度】和【高度】数值代表实际增加或减少的区域大小，而不代表文档的大小。输入正值表示增大画布，输入负值则表示减少画布。

❸ 在【定位】选项中，单击方向按钮可设置当前图像在新画布上的位置。

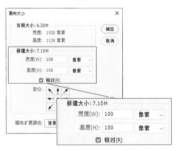

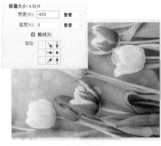

❹ 当【新建大小】大于【当前大小】时，可以在【画布扩展颜色】下拉列表中设置扩展区域的填充色。最后单击【确定】按钮应用修改。如果【新建大小】小于【当前大小】时，会打开询问对话框，提示用户若要减小画布必须将原图像文件进行裁切。单击【继续】按钮将改变画布大小，同时将裁剪部分图像。

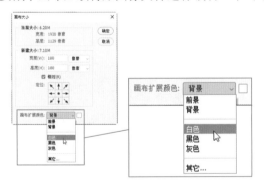

● 2.1.3　使用【裁剪】工具

　　使用【裁剪】工具可以裁剪掉多余的图像范围，并重新定义画布的大小。选择【裁剪】工具后，在画面中调整裁剪框，以确定需要保留的部分，或拖动出一个新的裁切区域，然后按 Enter 键或双击完成裁剪。

扫一扫，看视频

❶ 选择【裁剪】工具，此时画板边缘会显示控制点。接着在画面中按住鼠标左键并拖动鼠标，绘制一个需要保留的区域，释放鼠标则完成裁剪框的绘制。

❷ 用户对绘制的裁剪框不满意时，还可以对这个区域进行调整。将光标移到裁剪框的边缘或四角处，按住鼠标左键并拖动鼠标，即可调整裁剪框的大小。

❸ 若要旋转裁剪框，可将光标放置在裁剪框外侧，当光标变为带弧线的箭头形状时，按住鼠标左键并拖动鼠标即可。调整完成后，按 Enter 键确认。

❹ 在选项栏的【比例】下拉列表中，可以选择多种预设的裁切比例选项，然后在右侧的数值框中输入比例数值即可。如果想要按照特定的尺寸进行裁剪，则可以在该下拉列表中选择【宽 × 高 × 分辨率】选项，在右侧数值框中输入宽度、高度和分辨率的数值。要想随意裁剪，则需要单击【清除】按钮，清除长宽比。

提示：如何设置裁剪参考线

单击选项栏中的【叠加选项】按钮，在该下拉列表中可以选择裁剪的参考线的方式，包括三等分、网格、对角、三角形、黄金比例、金色螺线等，也可以设置参考线的叠加显示方式。

❺ 在选项栏中单击【拉直】按钮，在图像上按住鼠标左键拖曳出一条直线，释放鼠标后，即可通过将这条线校正为直线来拉直图像。

❻ 如果在选项栏中选中【删除裁剪的像素】复选框，裁剪后会彻底删除裁剪框外的像素。如果取消选中该复选框，多余的区域可以处于隐藏状态；如果想要还原裁剪之前的画面，只需要再次使用【裁剪】工具，然后随意操作即可看到原文档。

● 2.1.4 　使用【透视裁剪】工具

　　使用【透视裁剪】工具可以在对图像进行裁剪的同时，调整图像的透视效果。它常用于去除图像中的透视感，也可以为图像添加透视感。

扫一扫，看视频

❶ 打开一幅带透视感的图像，选择【透视裁剪】工具，在画面相应的位置单击。接着沿图像边缘以单击的方式绘制透视裁剪框。将鼠标光标移至透视裁剪框的控制点，按住鼠标左键并拖曳鼠标，即可调整控制点位置。

❷ 透视裁剪框调整完成后，按 Enter 键完成裁剪，这时可以看到原本带有透视感的对象被调整为了平面。

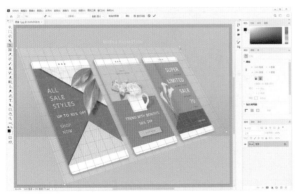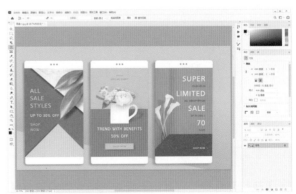

❸ 如果以当前图像透视的反方向绘制裁剪框，则能够强化图像的透视效果。

2.1.5 使用【裁剪】与【裁切】命令

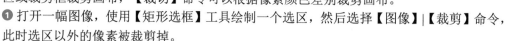

【裁剪】命令与【裁切】命令都可以对画布大小进行调整；【裁剪】命令可以基于选区或裁剪框裁剪画布，【裁切】命令可以根据像素颜色差别裁剪画布。

❶ 打开一幅图像，使用【矩形选框】工具绘制一个选区，然后选择【图像】|【裁剪】命令，此时选区以外的像素被裁剪掉。

扫一扫，看视频

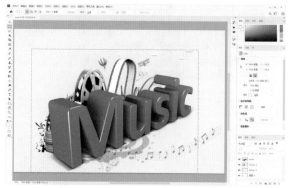 

❷ 在不包含选区的情况下，选择【图像】|【裁切】命令，在打开的【裁切】对话框中，可以选择基于哪个位置的像素颜色进行裁切，然后设置裁切的位置。若选中【左上角像素颜色】单选按钮，则将画面中与左上角颜色相同的像素裁切掉。

 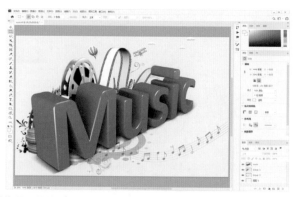

❸ 【裁切】命令还可以用来裁切透明像素。选择【图像】|【裁切】命令，在打开的【裁切】对话框中，选中【透明像素】单选按钮，然后单击【确定】按钮，可以看到画面中透明像素被裁减掉。

2.1.6 旋转画布

使用相机拍摄照片时,有时会由于相机的持握角度使照片产生横向或竖向效果。这些问题可以通过【图像】|【图像旋转】命令的子菜单中的相应命令来解决。

❶ 选择【图像】|【图像旋转】|【任意角度】命令,打开【旋转画布】对话框。

❷ 在打开的【旋转画布】对话框中输入特定的旋转角度,并设置旋转方向为【度顺时针】或【度逆时针】。旋转之后,画面中多余的部分被填充为当前的背景色。

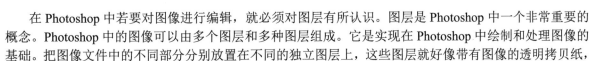

2.2　掌握【图层】的基本操作

在 Photoshop 中若要对图像进行编辑, 就必须对图层有所认识。图层是 Photoshop 中一个非常重要的概念。Photoshop 中的图像可以由多个图层和多种图层组成。它是实现在 Photoshop 中绘制和处理图像的基础。把图像文件中的不同部分分别放置在不同的独立图层上,这些图层就好像带有图像的透明拷贝纸,互相堆叠在一起。用户可以自由地更改文档的外观和布局,而且这些更改结果不会互相影响。在绘图、使用滤镜或调整图像时,这些操作只影响所处理的图层。如果对某一图层的编辑结果不满意,还可以放弃这些修改,重新再做,其他图层不会受到影响。

对图层的操作都是在【图层】面板上完成的。在 Photoshop 中,打开任意一个图像文件,选择【窗口】|【图层】命令,或按下 F7 键,可以打开【图层】面板。【图层】面板用于创建、编辑和管理图层,以及为图层添加样式等。【图层】面板中列出了所有的图层、图层组和图层效果。如果要对某一图层进行编辑,首先需要在【图层】面板中单击选中该图层。所选中的图层称为当前图层。单击【图层】面板右上角的面板菜单按钮,可以打开【图层】面板菜单。

在【图层】面板中有一些功能设置按钮与选项，通过设置它们可以直接对图层进行相应的编辑操作。使用这些按钮等同于执行【图层】面板菜单中的相关命令。

- 【设置图层混合模式】：用来设置当前图层的混合模式，可以混合所选图层中的图像与下方所有图层中的图像。
- 【设置图层不透明度】：用于设置当前图层中图像的整体不透明度。
- 【设置填充不透明度】：用于设置图层中图像的不透明度。该选项主要用于图层中图像的不透明度设置，对于已应用于图层的图层样式将不产生任何影响。
- 【锁定】按钮组：用来锁定当前图层的属性，包括图像像素、透明像素和位置等。
- 【图层显示标志】 ◉ ：用于显示或隐藏图层。
- 【链接图层】按钮 ∞ ：可将选中的两个或两个以上的图层或组进行链接。链接后的图层或组可以同时进行相关操作。
- 【添加图层样式】按钮 fx ：用于为当前图层添加图层样式效果。单击该按钮，将弹出命令菜单，从中可以选择相应的命令，为图层添加特殊效果。
- 【添加图层蒙版】按钮 ▢ ：单击该按钮，可以为当前图层添加图层蒙版。
- 【创建新的填充或调整图层】按钮 ◐ ：用于创建调整图层。单击该按钮，在弹出的菜单中可以选择所需的调整命令。
- 【创建新组】按钮 ▢ ：单击该按钮，可以创建新的图层组。创建的图层组可以包含多个图层。包含的图层可作为一个对象进行查看、复制、移动和调整顺序等操作。
- 【创建新图层】按钮 ▣ ：单击该按钮，可以创建一个新的空白图层。
- 【删除图层】按钮 🗑 ：单击该按钮可以删除当前图层。

提示：更改缩览图

　　【图层】面板可以显示各图层中内容的缩览图，这样可以方便用户查找图层。Photoshop 默认使用小缩览图，用户也可以使用中缩览图、大缩览图或无缩览图。在【图层】面板中选中任意一个图层缩览图，然后右击，在打开的快捷菜单中选择相应命令即可更改缩览图大小。用户也可以单击【图层】面板右上角的 ≣ 按钮，在打开的面板菜单中选择【面板选项】命令，打开【图层面板选项】对话框。在该对话框中，可以选择需要的缩览图状态。

2.2.1　选择图层

　　使用 Photoshop 进行设计的过程中，文档经常会包含很多图层，如果要对某个图层进行编辑操作，就必须先正确选中该图层。在 Photoshop 中，用户可以选择单个图层，也可以选择连续或非连续的多个图层。

❶ 在【图层】面板中单击一个图层，即可将其选中。如果要选择多个连续的图层，可以先选择位于连续一端的图层，然后按住 Shift 键并单击位于连续另一端的图层，即可选择这些连续的图层。

❷ 如果要选择多个非连续的图层，可以选择其中一个图层，然后按住 Ctrl 键并单击其他图层名称。

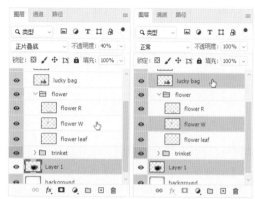

❸ 如果要选择所有图层，可选择【选择】|【所有图层】命令，或按 Alt+Ctrl+A 组合键。需要注意的是，使用该命令只能选择【背景】图层以外的所有图层。

❹ 选择一个链接的图层后，选择【图层】|【选择链接图层】命令，可以选择与之链接的所有图层。

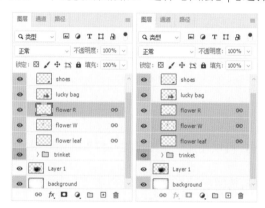

提示：使用快捷键选择图层

选择一个图层后，按 Alt+] 组合键可将当前选中图层切换为与之相邻的上一个图层；按 Alt+[组合键可以将当前选中图层切换为与之相邻的下一个图层。

❺ 如果用户不想选择图层，可选择【选择】|【取消选择图层】命令，另外也可在【图层】面板的空白处单击，取消选择所有图层。

提示：隐藏 / 显示图层

将光标放在一个图层左侧的 ◉ 图标上，然后按住鼠标左键垂直向上或向下拖动光标，可以快速隐藏多个相邻的图层，这种方法可以快速显示、隐藏多个图层。如果【图层】面板中有两个或两个以上的图层，按住 Alt 键单击图层左侧的 ◉ 图标，可以快速隐藏该图层以外的所有图层；按住 Alt 键再次单击图标，可显示被隐藏的图层。

2.2.2　新建图层

要向图像中添加一些元素时，创建新的图层，可以避免编辑失误而对原图产生影响。

❶ 在【图层】面板底部单击【创建新图层】按钮 □，即可在当前图层的上一层新建一个图层。

❷ 当新建图层较多时，很难分辨图层内容。为了便于管理，用户可以对已有的图层进行重命名。将光标移至图层名称处并双击，图层名称便处于激活的状态。接着输入新名称，按 Enter 键确定。

❸ 用户也可以在新建图层时，对图层进行设置。按住 Alt 键并单击【图层】面板底部的【创建新图层】按钮，打开【新建图层】对话框。在该对话框中进行设置后，单击【确定】按钮即可创建新图层。

● 2.2.3　复制图层

Photoshop 提供了多种复制图层的方法。在复制图层时，可以在同一个图像文件内复制任何图层，也可以复制选择的图层至另一个图像文件中。

❶ 选中需要复制的图层后，按 Ctrl+J 组合键可以快速复制所选图层。

❷ 如果想要将一个图层复制到另一个图层的上方(或下方)，可以将光标放置在【图层】面板内需要复制的图层上，按住 Alt 键，将其拖到目标位置，当出现突出显示的蓝色双线时，放开鼠标即可。

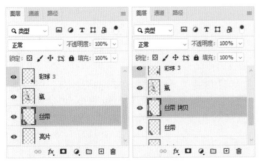

❸ 用户还可以单击【图层】面板右上角的面板菜单按钮，在弹出的面板菜单中选择【复制图层】命令，或在需要复制的图层上右击，从打开的快捷菜单中选择【复制图层】命令，然后在打开的【复制图层】对话框中设置所需参数，复制图层。

- 在【为】文本框中可以输入复制图层的名称。
- 在【文档】下拉列表中选择其他打开的文档，可以将图层复制到目标文档中，如果选择【新建】选项，则可以设置文档的名称，将图层内容创建为新建的文件。

❹ 还可以利用菜单栏中的【编辑】|【拷贝】和【粘贴】命令在同一个图像或不同图像间复制图层；也可以选择【移动】工具，拖动需要移动的图层至目标图像文件中。

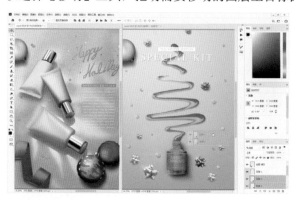

2.2.4　删除图层

在处理图像的过程中，对于一些不使用的图层，虽然可以通过隐藏图层的方式取消它们对图像整体显示效果的影响，但是它们仍然存在于图像文件中，并且占用一定的磁盘空间。因此，用户可以根据需要及时删除【图层】面板中不需要的图层，以精简图像文件。要删除图层可以使用以下几种方法。

- 选择需要删除的图层，将其拖至【图层】面板底部的【删除图层】按钮上，释放鼠标，即可删除所选择的图层，也可以按键盘上的 Delete 键，将其直接删除。
- 选择需要删除的图层，选择【图层】|【删除】|【图层】命令，即可删除所选图层。
- 选择需要删除的图层，右击，从弹出的快捷菜单中选择【删除图层】命令，在弹出的信息提示框中单击【是】按钮，即可删除所选择的图层。用户也可以直接单击【图层】面板中的【删除图层】按钮，在弹出的信息提示框中单击【是】按钮删除所选择的图层。
- 选择【图层】|【删除】|【隐藏图层】命令，可以删除所有隐藏的图层。

2.2.5　调整图层顺序

在【图层】面板中，位于上方的图层会遮挡住下方的图层。默认状态下，图层是按照创建的先后顺序堆叠排列的，即新创建的图层总是在当前所选图层的上方。

❶ 打开素材图像文件，将光标放在一个图层上方，单击并将其拖到另一个图层的下方，当出现突出显示的蓝色横线时，放开鼠标，即可将其调整到该图层的下方。由于图层的堆叠结构决定了上方的图层会遮盖下方的图层，因此，改变图层顺序会影响图像的显示效果。

❷ 如果用命令操作，需要先单击图层，将其选中，然后选择【图层】|【排列】命令的子菜单中的命令，可以将该图层调整到特定的位置。

提示：使用快捷键调整图层顺序

　　选择一个图层后，用户还可以通过快捷键快速调整图层的排列顺序。选中图层后，按 Shift+Ctrl+] 快捷键可将该图层置为顶层，按 Shift+Ctrl+[快捷键可将该图层置为底层；按 Ctrl+] 快捷键可将该图层前移一层，按 Ctrl+[快捷键可将该图层后移一层。

● 【置为顶层】/【置为底层】：将所选图层调整到【图层】面板的最顶层或最底层(【背景】图层上方)。如果选择的图层位于图层组中，选择【置为顶层】和【置为底层】命令时，可以将图层调整到当前图层组的最顶层或最底层。

● 【前移一层】/【后移一层】：将所选图层向上或向下移动一个堆叠顺序。

● 【反向】：在【图层】面板中选择多个图层后，选择该命令，可以反转它们的堆叠顺序。

2.2.6　移动图层

　　如果要调整图层的位置，可以使用【移动】工具来实现。如果调整图层中部分内容的位置，可以使用选区工具绘制出特定范围，然后使用【移动】工具进行移动。

1. 使用【移动】工具

❶ 在【图层】面板中选择需要移动的图层。

❷ 选择【移动】工具，在画面中按住鼠标左键并拖曳，该图层位置就会发生变化。在使用【移动】工具移动对象的过程中，按住 Shift 键可以沿水平或垂直方向移动对象。

  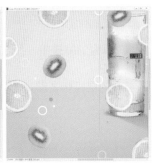

在【移动】工具选项栏中，选中【自动选择】复选框时，如果文档中
包含多个图层或图层组，可以在后面的下拉列表中选择要移动的对象。如
果选择【图层】选项，使用【移动】工具在画布中单击时，可以自动选择【移
动】工具下面包含像素的最顶层的图层；如果选择【组】选项，在画布中
单击时，可以自动选择【移动】工具下面包含像素的最顶层的图层所在的
图层组。选中【显示变换控件】复选框后，选择一个图层时，就会在图层
内容的周围显示定界框。通过定界框可以进行缩放、旋转、切变等操作，
变换完成后按 Enter 键确认。

2. 移动并复制

在使用【移动】工具移动图像时，按住 Alt 键拖曳图像，即可复制图层。当图像中存在选区时，按
住 Alt 键的同时拖曳选区中的内容，则会在该图层内部复制选中的部分。

练一练　制作化妆品展示效果　　案例效果：

文件路径：第 2 章 \ 制作化妆品展示效果
难易程度：★☆☆☆☆
技术掌握：【移动】工具、移动并复制

扫一扫，看视频

2.2.7　对齐图层

在版面的编排中，经常需要对元素进行对齐。使用【对齐】功能可以将多个图层对象排列整齐。

❶ 在对图层操作之前，先要选择图层，在此按住 Ctrl 键选择多个需要对齐的图层。

❷ 接着选择【移动】工具，在其选项栏中单击对应的对齐按钮，即可进行对齐。

- 【左对齐】按钮 ：单击该按钮，可以将所有选中的图层最左端的像素与基准图层最左端的像素对齐。
- 【水平居中对齐】按钮 ：单击该按钮，可以将所有选中的图层水平方向的中心像素与基准图层水平方向的中心像素对齐。
- 【右对齐】按钮 ：单击该按钮，可以将所有选中的图层最右端的像素与基准图层最右端的像素对齐。
- 【顶对齐】按钮 ：单击该按钮，可以将所有选中的图层最顶端的像素与基准图层最上方的像素对齐。
- 【垂直居中对齐】按钮 ：单击该按钮，可以将所有选中的图层垂直方向的中间像素与基准图层垂直方向的中心像素对齐。
- 【底对齐】按钮 ：单击该按钮，可以将所有选中的图层最底端的像素与基准图层最下方的像素对齐。

2.2.8　分布图层

使用分布图层功能，可以均匀分布图层和组，使图层对象或组对象之间按照指定的距离或对齐点进行自动分布。

❶ 使用【分布】命令时，必须先选中 3 个或 3 个以上的需要进行分布的图层。

❷ 选择【移动】工具，在其选项栏中单击【垂直分布】按钮 ，可以均匀分布多个图层的垂直方向的间隔。单击【水平分布】按钮 ，可以均匀分布图层水平间隔。还可以单击选项栏中的 按钮，在弹出的下拉面板中可以看到更多的分布按钮，单击相应按钮即可进行分布。

- 【按顶分布】按钮：单击该按钮，可以从每个图层的顶端像素开始，间隔均匀地分布图层。
- 【垂直居中分布】按钮：单击该按钮，可以从每个图层的垂直中心像素开始，间隔均匀地分布图层。
- 【按底分布】按钮：单击该按钮，可以从每个图层的底端像素开始，间隔均匀地分布图层。
- 【按左分布】按钮：单击该按钮，可以从每个图层的左端像素开始，间隔均匀地分布图层。
- 【水平居中分布】按钮：单击该按钮，可以从每个图层的水平中心像素开始，间隔均匀地分布图层。
- 【按右分布】按钮：单击该按钮，可以从每个图层的右端像素开始，间隔均匀地分布图层。

● 举一反三　制作整齐版面

案例效果：

| 文件路径：第 2 章 \ 制作整齐版面 |
| 难易程度：★★☆☆☆ |
| 技术掌握：移动并复制、对齐分布图层 |

扫一扫，看视频

● 2.2.9　锁定图层

　　【锁定】功能可以起到保护图层透明区域、图像像素或位置的作用，在【图层】面板的上半部分有多个锁定按钮。使用这些按钮，可以根据需要完全锁定或部分锁定图层，以免因操作失误而对图层的内容造成破坏。

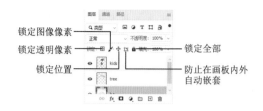

锁定图像像素
锁定透明像素
锁定位置
锁定全部
防止在画板内外自动嵌套

提示：如何取消图层的锁定

单击相应按钮可以进行锁定，再次单击可以取消锁定。

❶ 打开一个图像文档，选中存在透明像素的图层。

❷ 在【图层】面板中，单击【锁定透明像素】按钮。选择【画笔】工具，在画面中涂抹，可以看到透明像素部分没有涂抹痕迹。

❸ 在【图层】面板中，单击【锁定图像像素】按钮，然后使用【画笔】工具在画面中按住鼠标左键并拖曳，即会弹出一个警示对话框，表示图层已锁定不能进行编辑。

2.2.10　合并图层

合并图层是指将所有选中的图层合并成一个图层。要想合并【图层】面板中的多个图层，可以在【图层】面板菜单中选择相关的合并命令。

- 【向下合并】命令：选择该命令，或按 Ctrl+E 组合键，可合并当前选择的图层与位于其下方的图层，合并后会以选择的图层下方的图层名称作为新图层的名称。
- 【合并可见图层】命令：选择该命令，或按 Shift+Ctrl+E 组合键，可以将【图层】面板中所有的可见图层合并至当前选择的图层中。
- 【拼合图层】命令：选择该命令，可以合并当前所有的可见图层，并且删除【图层】面板中的隐藏图层。在删除隐藏图层的过程中，会打开系统提示对话框，单击其中的【确定】按钮即可完成图层的合并。

除了合并图层外，用户还可以盖印图层。盖印图层操作可以将多个图层的内容合并为一个目标图层，并且同时保持合并的原图层独立、完好。盖印图层可以通过以下两种方法完成。

- 按 Ctrl+Alt+E 组合键可以将选定的图层内容合并，并创建一个新图层。
- 按 Shift+Ctrl+Alt+E 组合键可以将【图层】面板中所有的可见图层内容合并到新建图层中。

2.2.11　栅格化图层

在 Photoshop 中新建的图层，除了普通图层外，还有几种特殊的图层，如使用文字工具创建的文字图层、置入智能对象后的智能对象图层、使用矢量工具创建的形状图层、使用 3D 功能创建的 3D 图层等。这些特殊图层可被移动、旋转、缩放，但不能对其内容进行编辑。要想编辑这些特殊图层的内容，就需要将其转换为普通图层。

栅格化图层就是将特殊图层转换为普通图层的过程。选择需要栅格化的图层，然后选择【图层】|【栅格化】命令子菜单中的相应命令，或在【图层】面板中右击该图层，在弹出的快捷菜单中选择【栅格化图层】命令，即可将选中的图层转换为普通图层。

2.2.12　使用【图层组】管理图层

在 Photoshop 中制作复杂的图像效果时，使用图层组功能可以方便地对大量的图层进行统一管理，如统一设置不透明度、颜色混合模式和锁定设置等。

❶ 在图像文件中，不仅可以从选定的图层创建图层组，还可以创建嵌套结构的图层组。创建图层组的方法非常简单，只需单击【图层】面板底部的【创建新组】按钮 ▭ ，即可在当前选择图层的上方创建一个空白的图层组。

❷ 在【图层】面板中先选中需要编组的图层，然后在面板菜单中选择【从图层新建组】命令，再在打开的【从图层新建组】对话框中设置新建组的参数选项，如名称、颜色和模式等。用户也可以选择需要编组的图层，按住鼠标左键将其拖至【创建新组】按钮上，释放鼠标，则以所选图层创建图层组。

提示：取消图层编组

如果要释放图层组，则在选中图层组后，右击，在弹出的快捷菜单中选择【取消图层编组】命令，或按 Shift+Ctrl+G 组合键即可。

❸ 选择一个或多个图层，按住鼠标左键将其拖到图层组内，释放鼠标即可将选中图层移到图层组中。

❹ 选择图层组中的图层，将其拖至图层组外，释放鼠标，即可将图层组中的图层移出图层组。

❺ 图层组中还可以嵌套其他图层组，将创建好的图层组移至其他图层组中即可创建出嵌套图层组。

2.3 画板的应用

使用画板功能可以在一个文档中创建多个画板，这样既方便多页面的同步操作，也能很好地观看整体效果。

2.3.1 从图层新建画板

在 Photoshop 中打开一幅图像，默认情况下文档中是不带画板的。如果想要创建一个与当前画面等大的画板，可以选择【图层】|【新建】|【来自图层的画板】命令。

❶ 打开一个图像文档，在【图层】面板中，选择要放置在画板中的普通图层。

❷ 选择【图层】|【新建】|【来自图层的画板】命令，或在图层上单击鼠标右键，在弹出的快捷菜单中选择【来自图层的画板】命令，打开【从图层新建画板】对话框。在【名称】文本框中可以为画板命名，在【宽度】与【高度】数值框中可以输入数值，单击【确定】按钮，即可新建一个画板。如果直接单击【确定】按钮，可以创建与当前选中图层等大的新画板。

扫一扫，看视频

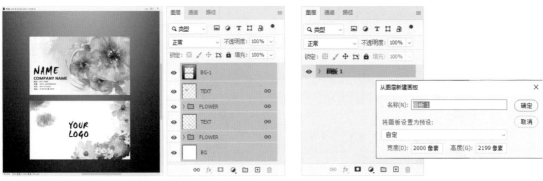

❸ 在【图层】面板中选择画板，右击，从弹出的快捷菜单中选择【取消画板编组】命令，即可取消画板。

2.3.2　使用【画板】工具

❶ 选择【画板】工具 ，在选项栏中设置画板的【宽度】与【高度】数值，单击【添加新画板】按钮 ，然后使用【画板】工具在文档窗口空白区域中单击，即可根据设置新建画板。按住鼠标左键并拖动画板定界框上的控制点，能够调整画板的大小。

扫一扫，看视频

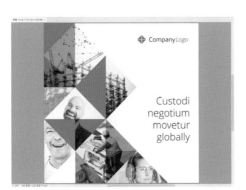

❷ 在【画板】工具的选项栏中可以更改画板的纵横。如果当前画板是横版，单击选项栏中的【制作纵版】按钮 ，即可将横版更改为纵版；反之，如果当前画板是纵版，那么单击【制作横版】按钮 ，即可将纵版更改为横版。

❸ 单击画板边缘的【添加新画板】图标 ，可以新建一个与当前画板等大的新画板；或按住 Alt 键并单击【添加新画板】图标，可以新建画板，同时复制画板中的内容。

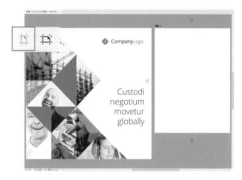

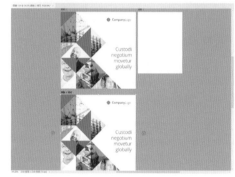

❹ 使用【画板】工具，将光标移至画板定界框上，然后按住鼠标左键并拖动，即可移动画板。

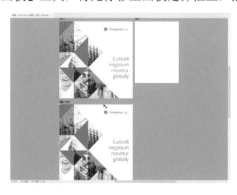

● 举一反三　　制作画册基础版式

案例效果：

文件路径：	第 2 章 \ 制作画册基础版式
难易程度：	★☆☆☆☆
技术掌握：	画板操作

扫一扫，看视频

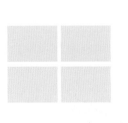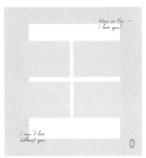

2.4　变换与变形

在【编辑】菜单中，提供了多种对图层进行变换、变形的命令，包括【内容识别缩放】【操控变形】【透视变形】【自由变换】【变换】【自动对齐图层】和【自动混合图层】命令。

2.4.1　自由变换

在编辑过程中，经常需要调整普通图层中对象的大小、角度，有时还需要对图层中的对象进行扭曲、变形等操作，这些都可以通过【自由变换】命令来实现。选中需要变换的图层，选择【编辑】|【自由变换】命令，或按 Ctrl+T 快捷键。此时图层对象周围会显示一个定界框，4 个角点处以及 4 条边框的中间都有控制点。完成变换后，按 Enter 键确认。如果要取消正在进行的变换操作，可以按 Esc 键取消。

1. 调整中心点位置

默认情况下，中心点位于定界框的中心位置，它用于定义对象的变换中心，拖动它可以移动对象的位置。拖动控制点则可以进行变换操作。

要想设置定界框的中心点位置，只需移动光标至中心点上，当光标显示为 ▸ 形状时，进行拖动即可将中心点移到任意位置。用户也可以在选项栏中，单击 ▦ 图标上不同的点位置，来改变中心点的位置。▦ 图标上各个点和定界框上的各个点一一对应。

2. 放大、缩小

选中需要变换的图层，按 Ctrl+T 快捷键，显示定界框。默认情况下，选项栏中的【水平缩放】和【垂直缩放】处于约束状态。此时拖动控制点，可以对图层进行等比例的放大或缩小。再次单击选项栏中的 ∞ 按钮，使长宽比处于不锁定的状态，可以进行非等比缩放。

如果按住 Alt 键的同时，拖动定界框 4 个角点处的控制点，能够以中心点作为缩放中心进行缩放。在长宽比锁定的状态下，按住 Shift 键并拖动控制点可以进行非等比缩放。在长宽比不锁定的状态下，按住 Shift 键并拖动控制点，可以进行等比缩放。

3. 旋转

将光标移至控制点外侧，当其变为弧形的双箭头形状后，按住鼠标左键并拖动即可进行旋转操作。在旋转过程中，按住 Shift 键，可以以 15° 为增量进行旋转。

4. 斜切

在自由变换状态下，右击，在弹出的快捷菜单中选择【斜切】命令，然后按住鼠标左键并拖动控制点，即可在任意方向、垂直方向或水平方向上倾斜图像。如果移动光标至角控制点上，按下鼠标并拖动，可以在保持其他 3 个角控制点位置不动的情况下对图像进行倾斜变换操作。如果移动光标至边控制点上，按下鼠标并拖动，可以在保持与选择边控制点相对的定界框边不动的情况下进行图像倾斜变换操作。

5. 扭曲

在自由变换状态下，右击，在弹出的快捷菜单中选择【扭曲】命令，可以任意拉伸对象定界框上的 8 个控制点以进行自由扭曲变换操作。

6. 透视

在自由变换状态下，右击，在弹出的快捷菜单中选择【透视】命令，可以对变换对象应用单点透视。拖动定界框 4 个角上的控制点，可以在水平或垂直方向上对图像应用透视。

7. 变形

在自由变换状态下，右击，在弹出的快捷菜单中选择【变形】命令，拖动网格线或控制点，即可进行变形操作。在其选项栏中，【拆分】选项用来创建变形网格线，包含【交叉拆分变形】【垂直拆分变形】和【水平拆分变形】3 种方式。单击【交叉拆分变形】按钮，将光标移到定界框内并单击，即可同时创建水平和垂直方向的变形网格线。接着拖动控制点即可进行变形。

单击【网格】按钮，在该下拉列表中能够选择网格的数量，如选择 3×3，即可看到相应的网格线。拖动控制点可以进行更加细致的变形操作。

单击【变形】按钮，在该下拉列表中有多种预设的变形方式。单击选择一种变形方式后，在选项栏中更改【弯曲】、H 和 V 的参数。

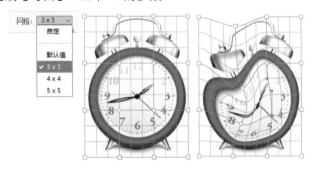
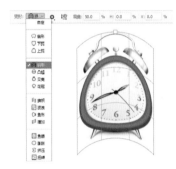

8　翻转

在自由变换状态下，右击，在弹出的快捷菜单底部有 5 个旋转命令，即【旋转 180 度】【旋转 90 度 (顺时针)】【旋转 90 度 (逆时针)】【水平翻转】和【垂直翻转】命令。使用这些命令，可以直接对图像进行变换，不会显示定界框。选择【旋转 180 度】命令，可以将图像旋转 180 度。选择【旋转 90 度 (顺时针)】命令，可以将图像顺时针旋转 90 度。选择【旋转 90 度 (逆时针)】命令，可以将图像逆时针旋转 90 度。选择【水平翻转】命令，可以将图像在水平方向上进行翻转。选择【垂直翻转】命令，可以将图像在垂直方向上进行翻转。

9. 复制并重复上一次变换

　　如要制作一系列变换规律相似的元素，可以使用【复制并重复上一次变换】命令来完成。在使用该命令之前，需要先设定好一个变换规律。

　　复制一个图层，使用 Ctrl+T 快捷键应用【自由变换】命令，显示定界框，然后调整【中心点】的位置，接着进行旋转或缩放的操作。按下 Enter 键确定变换操作，然后多次按 Shift+Ctrl+Alt+T 快捷键，可以得到一系列按照上一次变换规律进行变换的图形。

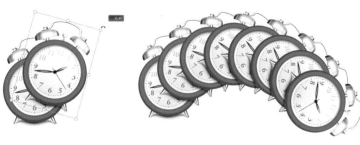

◇

练一练　　制作立体包装效果

文件路径：第 2 章 \ 制作立体包装效果
难易程度：★☆☆☆☆
技术掌握：【移动】工具、移动并复制

扫一扫，看视频

案例效果：

练一练　　制作分形图案

文件路径：第 2 章 \ 制作分形图案
难易程度：★★☆☆☆
技术掌握：【自动变换】命令，重复上一次变换操作

扫一扫，看视频

案例效果：

2.4.2　　内容识别缩放

　　内容识别缩放可在不更改重要可视内容 (如人物、建筑、动物等) 的情况下调整图像大小。常规缩放在调整图像大小时会统一影响所有像素，而内容识别缩放主要影响没有重要可视内容的区域中的像素。内容识别缩放可以放大或缩小图像以改善合成效果、适合版面或更改方向。如果要在调整图像大小时使用一些常规缩放，则可以指定内容识别缩放与常规缩放的比例。

扫一扫，看视频

❶ 如果是缩放图像背景，选择【编辑】|【内容识别缩放】命令，显示定界框。

❷ 在选项栏中取消选中【保持长宽比】按钮，接着拖动控制点可以进行不等比的缩放，随着缩小可以看到画面中的主体未发生变形，而背景部分进行了压缩。缩放时要最大限度地保证人物比例，可以单击选项栏中的【保护肤色】按钮。

❸ 如果要在缩放图像时，保留特定的区域，可以在选择【内容识别缩放】命令后，选择要保护区域的
Alpha 通道。

提示：【内容识别缩放】的使用范围

　　【内容识别缩放】适用于处理普通图层及选区内的部分，图像可以是 RGB、CMYK、Lab 和灰度
颜色模式以及所有位深度。【内容识别缩放】不适用于处理调整图层、图层蒙版、各个通道、智能对象、
3D 图层、视频图层、图层组，或者同时处理多个图层。

● 2.4.3　操控变形

　　【操控变形】命令通常用来修改人物的动作、发型等，该功能通过可视网格，以添加控制点的方法
扭曲图像。
❶ 选择需要变形的图层，选择【编辑】|【操控变形】命令，图像上将布满网格。
❷ 在网格上单击添加【图钉】，这些【图钉】就是控制点。接下来，拖动图钉就能进行变形操作了。还
可以按住 Shift 键单击加选图钉，然后拖曳进行变形。

❸ 调整过程中，如果需要删除图钉，可以按住 Alt 键，将光标移到要删除的图钉上，此时光标显示剪刀图标，单击即可删除图钉。调整完成后，按 Enter 键确认。

提示：【操控变形】中添加图钉的技巧

　　图钉添加得越多，变形的效果越精确。添加图钉的位置也会影响变形的效果。添加一个图钉并拖动，可以进行移动，达不到变形的效果。添加两个图钉，会以其中一个图钉作为【轴心】进行旋转。

2.4.4　透视变形

　　在 Photoshop 中，使用【透视变形】命令可以对图像现有的透视关系进行变形。此功能对于包含直线和平面的图像，如建筑图像和房屋图像尤其有用。

❶ 打开一幅图像，选择【编辑】|【透视变形】命令，然后在画面中单击或按住鼠标左键并拖动，绘制透视变形网格。

扫一扫，看视频

❷ 根据透视关系拖动控制点，调整透视变形网格。

❸ 在另一侧按住鼠标左键并拖动，绘制透视网格，当两个透视变形网格交叉时会有高亮显示，释放鼠标后，会自动贴齐。

❹ 单击选项栏中的【变形】按钮，然后拖动控制点进行变形。随着控制点的调整，画面中的透视也在发生着变化。或单击【自动拉直接近垂直的线段】按钮，自动变形透视效果。变形完成后，单击选项栏中的【提交透视变形】按钮 √ 或按 Enter 键提交操作。接着可以使用【裁切】工具将空缺区域裁掉。

2.4.5　自动对齐图层

　　选中多个图层后，选择【编辑】|【自动对齐图层】命令，可以打开【自动对齐图层】对话框。使用

该功能可以根据不同图层中的相似内容自动对齐图层。用户可以指定一个图层作为参考图层，也可以让 Photoshop 自动选择参考图层。其他图层将与参考图层对齐，以便匹配的内容能够自行叠加。

扫一扫，看视频

❶ 选择【文件】|【打开】命令，打开一个带有多个图层的图像文件。在【图层】面板中，按 Ctrl 键并单击选中【图层 1】【图层 2】和【图层 3】。

❷ 选择【编辑】|【自动对齐图层】命令，打开【自动对齐图层】对话框。在该对话框中选中【拼贴】单选按钮，然后单击【确定】按钮。

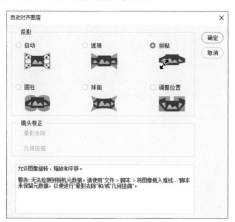

- 【自动】：通过分析源图像，应用【透视】或【圆柱】版面。
- 【透视】：通过将源图像中的一张图像指定为参考图像来创建一致的复合图像，然后变换其他图像，以匹配图层的重叠内容。
- 【拼贴】：对齐图层并匹配重叠内容，不更改图像中对象的形状。
- 【圆柱】：通过在展开的圆柱上显示各个图像来减少透视版面中出现的扭曲，同时图层的重叠内容仍然相互匹配。
- 【球面】：将图像与宽视角对齐。指定某个源图像 (默认情况下是中间图像) 作为参考图像后，对其他图像执行球面变换，以匹配重叠的内容。
- 【调整位置】：对齐图层并匹配重叠内容，但不会变换 (伸展或斜切) 任何源图层。
- 【晕影去除】：对导致图像边缘 (尤其是角落) 比图像中心暗的镜头缺陷进行补偿。
- 【几何扭曲】：补偿桶形、枕形或鱼眼失真。

❸ 按 Shift+Ctrl+Alt+E 组合键将图层拼贴效果合并到新图层中。在【图层】面板中，右击【图层 4】图层，在弹出的快捷菜单中选择【复制图层】命令。在打开的对话框的【文档】下拉列表中选择【新建】选项，

在【名称】文本框中输入"合并图像",然后单击【确定】按钮。

❹ 在新建文档中,选择【裁剪】工具。在【裁剪】工具选项栏中单击【拉直】按钮,然后沿图像边缘拖动创建拉直线矫正图像。

❺ 调整图像画面中的裁剪区域,调整完成后单击选项栏中的【提交当前裁剪操作】按钮✓。

● 2.4.6　自动混合图层

　　【自动混合图层】功能可以自动识别画面内容,并根据需要对每个图层应用图层蒙版,以遮盖过度曝光、曝光不足的区域或内容差异。使用【自动混合图层】命令可以缝合或组合图像,从而在最终图像中获得平滑的过渡效果。

扫一扫,看视频

❶ 打开一张素材图片,接着置入一幅素材图像,并将置入的图层栅格化。

❷ 按住 Ctrl 键选中两个图层,选择【编辑】|【自动对齐图层】命令,打开【自动对齐图层】对话框。在该对话框中选中【拼贴】单选按钮,然后单击【确定】按钮。

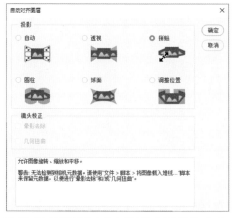

❸ 选择【编辑】|【自动混合图层】命令，在打开的【自动混合图层】对话框中选中【堆叠图像】单选按钮，单击【确定】按钮。

- 【全景图】：将重叠的图层混合成全景图。
- 【堆叠图像】：混合每个相应区域中的最佳细节。对于已对齐的图层，该选项最适用。

2.5　常用辅助工具

在 Photoshop 中使用辅助工具可以快速对齐、测量或排列对象。辅助工具包括标尺、参考线和网格等。它们的作用和特点各不相同。

2.5.1　使用标尺

标尺可以帮助用户准确地定位图像或元素的位置。选择【视图】|【标尺】命令，或按 Ctrl+R 组合键，可以在图像文件窗口的左侧和顶部分别显示水平和垂直标尺。此时移动光标，标尺内的标记会显示光标的精确位置。

默认情况下，标尺的原点位于文档窗口的左上角。修改原点的位置，可从图像上的特定位置开始测量。

将光标放置在原点上，单击并向右下方拖动，画面中会显示十字线。将它拖到需要的位置，然后释放鼠标，定义原点新位置。定位原点的过程中，按住 Shift 键可以使标尺的原点与标尺的刻度记号对齐。将光标放在原点默认的位置上，双击鼠标即可将原点恢复到默认位置。

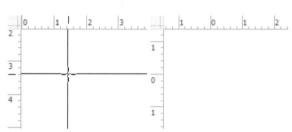

在文档窗口中双击标尺，可以打开【首选项】对话框，在该对话框的【标尺】下拉列表中可以修改标尺的测量单位；或在标尺上右击，在弹出的快捷菜单中选择标尺的测量单位。

2.5.2 使用参考线

参考线是显示在图像文件上方的不会被打印出来的线条，可以帮助用户定位图像。创建的参考线可以被移动和删除，也可以将其锁定。

1. 创建画布参考线

在 Photoshop 中，用户可以通过以下两种方法来创建参考线。一种方法是按 Ctrl+R 组合键，在图像文件中显示标尺，然后将光标放置在标尺上，并向文档窗口中拖动，即可创建画布参考线。如果想要使参考线与标尺上的刻度对齐，可以在拖动时按住 Shift 键。

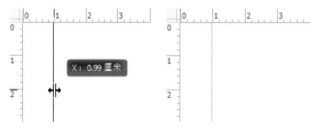

在文档窗口中，没有选中画板时，拖动创建的参考线为画布参考线；选中画板后，拖动创建的参考线为画板参考线。

另一种方法是选择【视图】|【新建参考线】命令，打开【新建参考线】对话框。在该对话框的【取向】选项组中选择需要创建参考线的方向；在【位置】文本框中输入数值，此数值代表了参考线在图像中的位置，然后单击【确定】按钮，可以按照设置的位置创建水平或垂直的参考线。

提示：显示 / 隐藏参考线

选择【视图】|【显示】|【参考线】命令，或按 Ctrl+; 快捷键，可以将当前参考线隐藏。

2. 锁定参考线

创建参考线后，将鼠标移到参考线上，当鼠标显示为 ↔ 图标时，单击并拖动鼠标，可以改变参考线的位置。在编辑图像文件的过程中，为了防止参考线被移动，选择【视图】|【锁定参考线】命令可以锁定参考线的位置；再次选择该命令，取消命令前的 √ 标记，即可取消参考线的锁定。

3. 清除参考线

如果用户不需要再使用参考线，可以将其清除。选择【视图】|【清除参考线】【清除所选画板参考线】命令或【清除画布参考线】命令即可。

- 选择【清除参考线】命令，可以删除图像文件中的画板参考线和画布参考线。
- 选择【清除所选画板参考线】命令，可以删除所选画板上的参考线。
- 选择【清除画布参考线】命令，可以删除文档窗口中的画布参考线。

练一练　　制作三折页版面

文件路径：第 2 章 \ 制作三折页版面
难易程度：★☆☆☆☆
技术掌握：新建版面参考线

扫一扫，看视频

案例效果：

2.5.3　使用网格

默认情况下，网格显示为不可打印的线条或网点。网格对于对称布置图像和图形的绘制都十分有用。选择【视图】|【显示】|【网格】命令，或按 Ctrl+' 快捷键可以在当前打开的文件窗口中显示网格。

 提示：设置不同颜色的参考线和网格

　　默认情况下，参考线为青色，智能参考线为洋红色，网格为灰色。如果要更改参考线、网格的颜色，我们可以选择【编辑】|【首选项】|【参考线、网格和切片】命令，打开【首选项】对话框选择合适的颜色，还可以选择线条类型。

第3章
创建简单选区

本章内容简介

　　本章主要讲解最基本也是最常见的选区绘制方法，并介绍选区的基本操作，如移动、变换、显示/隐藏、存储等操作，在此基础上学习选区形态的编辑。学会了选区的使用方法后，我们可以对选区进行颜色、渐变及图案的填充。

本章重点内容

- 掌握使用选框工具和套索工具创建选区的方法
- 掌握颜色的设置及填充方法
- 掌握渐变的填充方法
- 掌握选区的基本操作

练一练 & 举一反三详解

3.1 创建简单选区

Photoshop 中的选区是指图像中选择的区域。它可以指定图像中进行编辑操作的区域。选区显示时，表现为浮动虚线组成的封闭区域。当图像文件窗口中存在选区时，用户进行的编辑或操作都将只影响选区内的图像，而对选区外的图像无任何影响。

Photoshop 中的选区有两种类型：普通选区和羽化选区。普通选区的边缘较硬，当在图像上绘制或使用滤镜时，可以很容易地看到处理效果的起始点和终点。相反，羽化选区的边缘会逐渐淡化，这使编辑效果能与图像无缝地混合到一起，而不会产生明显的边缘。选区在 Photoshop 的图像文件编辑处理过程中有着非常重要的作用。

Photoshop 提供了多种工具和命令创建选区，用户在处理图像时可以根据不同需要进行选择。打开图像文件后，用户先确定要设置的图像效果，然后再选择较为合适的工具或命令创建选区。

3.1.1 【矩形选框】工具

【矩形选框】工具 ⊡ 可以创建出矩形选区或正方形选区。

❶ 选择【矩形选框】工具，将光标移到画面中，按住鼠标左键并拖动即可出现矩形的选区，释放鼠标后完成选区的绘制。

扫一扫，看视频

❷ 在绘制过程中，按住 Shift 键的同时按住鼠标左键拖动可以创建正方形选区。

❸ 选项栏中的【羽化】选项主要用来设置选区边缘的虚化程度。要绘制羽化的选区，需要先在选项栏中设置数值，然后按住鼠标左键并拖动进行绘制。如果选区绘制完成后看不出任何变化，此时可以将前景

色设置为某一颜色，然后使用前景色填充，再按 Ctrl+D 快捷键取消选区，就可以看到羽化选区填充后的效果。羽化值越大，虚化范围越广；羽化值越小，虚化范围越窄。

 提示：选区警告

当设置的羽化值过大，以至于任何像素都不大于 50% 选择时，Photoshop 会弹出警告对话框，提醒用户羽化后的选区将不可见 (选区仍然存在)。

❹【样式】选项用来设置矩形选区的创建方法。当选择【正常】选项时，可以创建任意大小的矩形选区；选择【固定比例】选项时，可以在右侧的【宽度】和【高度】文本框中输入数值，以创建固定比例的选区；选择【固定大小】选项时，可以在右侧的【宽度】和【高度】文本框中输入数值，然后单击即可创建一个固定大小的选区。

3.1.2 【椭圆选框】工具

【椭圆选框】工具 ◯. 主要用来创建椭圆或正圆选区。选择【椭圆选框】工具，将光标移到画面中，按住鼠标左键并拖动即可创建椭圆形的选区。在绘制过程中，按住 Shift 键的同时按住鼠标左键并拖动，可以创建正圆形选区。

选项栏中的【消除锯齿】复选框被选中时，通过柔化边缘像素与背景像素之间的颜色过渡效果，来使选区边缘变得平滑。由于【消除锯齿】只影响边缘像素，不会丢失细节，在剪切、复制和粘贴选区图像时非常有用。其他选项与【矩形选框】工具相同，这里不再重复讲解。

3.1.3 【单行／单列选框】工具

【单行选框】工具 ··· 和【单列选框】工具 ⸴. 主要用于创建宽度为 1 像素的行或列选区，常用来制作分割线或网格效果。选择【单行选框】工具，在画面中单击，即可绘制 1 像素高的横向选区。选择【单列选框】工具，在画面中单击，即可绘制 1 像素宽的纵向选区。

练一练　　制作旧照片效果

文件路径：第 3 章 \ 制作旧照片效果	
难易程度：★☆☆☆☆	
技术掌握：【单列选框】工具	扫一扫，看视频

案例效果：

3.1.4 【套索】工具

【套索】工具 ♀. 可以用来绘制不规则形状选区。该工具特别适用于对选取精度要求不高的操作。选择【套索】工具，将光标移至画面中，按住鼠标左键并拖动，即可以光标的移动轨迹创建选区。最后将光标定位到起始位置时，释放鼠标即可得到闭合选区。如果在绘制中途释放鼠标左键，Photoshop 会在该点与起始点之间建立一条直线以封闭选区。

3.1.5 【多边形套索】工具

【多边形套索】工具 ♀. 通过绘制多个直线段并将其连接，最终闭合线段区域后创建出选区。该工具适用于对精度有一定要求的操作。选择【多边形套索】工具，在画面中单击确定起始点，然后在转折的位置单击进行绘制。当绘制到起始点位置时，光标变为 ♀ 形状后再单击，即可得到选区。

提示：【多边形套索】工具的使用技巧

在使用【多边形套索】工具绘制选区时，按住 Shift 键，可以在水平方向、垂直方向或 45°方向上绘制直线。另外，按 Delete 键可以删除最近绘制的直线。

3.1.6　使用快速蒙版创建选区

使用快速蒙版创建选区的方式与其他选区工具的创建方式有所不同。

❶ 单击工具面板中的【以快速蒙版模式编辑】按钮，或按 Q 键，该按钮变为 状态时，表示已处于快速蒙版编辑模式。在这种模式下，用户可以使用【画笔】工具、【橡皮擦】工具、【渐变】工具、【油漆桶】工具等在当前画面中进行绘制。快速蒙版模式下只能使用黑、白、灰进行绘制，使用黑色绘制的部分在画面中呈现半透明的红色覆盖效果，使用白色可以擦除红色部分。

扫一扫，看视频

❷ 选择【画笔】工具，在选项栏中单击打开【画笔预设】选取器，选择一种画笔样式，设置【大小】为 300 像素。使用【画笔】工具在图像中的人物部分进行涂抹，创建快速蒙版。

提示：如何设置快速蒙版？

双击【以快速蒙版模式编辑】按钮，可以打开【快速蒙版选项】对话框。在该对话框中的【色彩指示】选项组中，可以设置参数定义颜色，表示被蒙版区域还是所选区域；【颜色】选项组用于定义蒙版的颜色和不透明度。

❸ 绘制完成后，再次单击工具面板中的【以快速蒙版模式编辑】按钮，或按 Q 键，即可退出快速蒙版编辑模式，得到选区。用户可以将选区部分进行填色，观察效果。

练一练 制作网点边框效果

文件路径：第 3 章 \ 制作网点边框效果
难易程度：★★☆☆☆
技术掌握：快速蒙版、【彩色半调】命令

扫一扫，看视频

案例效果：

3.2 选区的基本操作

对创建完成的选区，可以进行一些操作，如选择、移动、存储和载入等。

3.2.1 选区常用命令

在打开【选择】菜单后，其最上端包括 4 个常用的简单操作命令。

💧 选择【选择】|【全部】命令，或按下 Ctrl+A 组合键，可选择当前文件中的全部图像内容。

💧 选择【选择】|【反选】命令，或按下 Shift+Ctrl+I 组合键，可反转已创建的选区，即选择图像中未选中的部分。如果需要选择的对象本身比较复杂，但背景简单，就可以先选择背景，再通过【反选】命令将对象选中。

💧 创建选区后，选择【选择】|【取消选择】命令，或按下 Ctrl+D 组合键，可取消创建的选区。取消选区后，可以选择【选择】|【重新选择】命令，或按下 Shift+Ctrl+D 组合键，可恢复最后一次创建的选区。

💧 如果错误地取消了选区，可以将选区进行恢复。要恢复被取消的选区，可以选择【选择】|【重新选择】命令。

3.2.2　移动选区位置

创建完的选区可以进行移动，但是选区的移动不能使用【移动】工具，而要使用选区工具，否则移动的是选区内的图像而不是选区。在选项栏中单击【新选区】按钮 □，然后将光标置于选区中，当光标显示为 ▷₊₊ 时，拖动鼠标即可移动选区。除此之外，用户还可以通过键盘上的方向键，将对象以每次 1 像素的距离进行移动；如果按住 Shift 键，再按方向键，则每次可以移动 10 像素的距离。

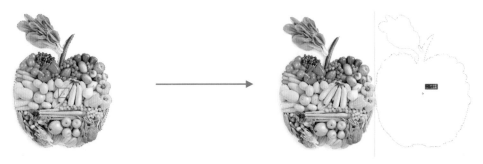

3.2.3　隐藏、显示选区

在绘制图像过程中，或者对选中图像应用滤镜时，选区边缘线可能会妨碍用户观察图像变化效果。此时，选择【视图】|【显示】|【选区边缘】命令，或按 Ctrl+H 快捷键可以将其隐藏，再次使用该命令可以显示选区。选区被隐藏后，选区仍然存在，操作范围依然会被限定在选区内。

3.2.4　存储选区

在 Photoshop 中，选区是一种虚拟对象，无法直接被存储在文档中，而一旦被取消，选区就不存在了。如果在编辑过程中，某一选区需要多次使用，就可以将选区存储起来使用。

❶ 创建选区后，用户可以选择【选择】|【存储选区】命令，也可以在选区上右击，打开快捷菜单，选择其中的【存储选区】命令，打开【存储选区】对话框。

扫一扫，看视频

❷ 在【存储选区】对话框的【文档】下拉列表中，选择【新建】选项，创建新的图像文件，并将选区存储为 Alpha 通道保存在该图像文件中；选择当前图像文件名称，可以将选区保存在新建的 Alpha 通道中。如果在 Photoshop 中还打开了与当前图像文件具有相同分辨率和尺寸的图像文件，这些图像文件名称也将显示在【文档】下拉列表中。选择它们，就会将选区保存到这些图像文件中新创建的 Alpha 通道内。

❸ 在【通道】下拉列表中，可以选择创建的 Alpha 通道，将选区添加到该通道中；也可以选择【新建】选项，创建一个新通道并为其命名，然后进行保存。

❹【操作】选项组用于选择通道处理方式。如果选择新创建的通道，那么只能选择【新建通道】单选按钮；如果选择已经创建的 Alpha 通道，那么还可以选择【添加到通道】【从通道中减去】和【与通道交叉】3 个单选按钮。

❺存储图像文档时，选择 PSB、PSD、PDF 和 TIFF 等格式可以保存多个选区。

提示：快速存储选区

创建选区后，选择【窗口】|【通道】命令，打开【通道】面板。在【通道】面板底部单击【将选区存储为通道】按钮，即可将选区存储为【Alpha 通道】。

3.2.5 载入选区

用户在操作过程中，经常需要得到某个图层的选区，此时可以在【通道】面板中按 Ctrl 键的同时单击存储选区的通道蒙版缩览图，即可重新载入存储起来的选区；或选择【选择】|【载入选区】命令后，在打开的【载入选区】对话框中进行设置。【载入选区】对话框与【存储选区】对话框中的设置参数选项基本相同，只是【载入选区】对话框比【存储选区】对话框多一个【反相】复选框。如果选中该复选框，那么会将保存在 Alpha 通道中的选区反选并载入图像文件窗口中。

3.2.6 选区的运算

选区的运算是指在画面中存在选区的情况下，使用选框工具、套索工具和魔棒工具创建新选区时，新选区与现有选区之间进行运算，从而生成新的选区。选择选框工具、套索工具或魔棒工具创建选区时，工具选项栏中就会出现选区运算的相关按钮。

- 【新选区】按钮▣：单击该按钮后，可以创建新的选区。如果图像中已存在选区，那么新创建的选区将替代原来的选区。
- 【添加到选区】按钮▣：单击该按钮，使用选框工具在画布中创建选区时，如果当前画布中存在选区，光标将变成⁺形状。此时绘制新选区，新建的选区将与原来的选区合并成为新的选区。

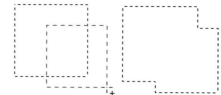

- 💡【从选区减去】按钮 ☐：单击该按钮，使用选框工具在图形中创建选区时，如果当前画布中存在选区，光标变为📍形状。此时，如果新创建的选区与原来的选区有相交部分，将从原选区中减去相交的部分，余下的选择区域作为新的选区。
- 💡【与选区交叉】按钮 ☐：单击该按钮，使用选框工具在图形中创建选区时，如果当前画布中存在选区，光标将变成📍形状。此时，如果新创建的选区与原来的选区有相交部分，结果会将相交的部分作为新的选区。

提示：使用快捷键进行选区运算

使用快捷键也可进行选区运算，按住 Shift 键，光标旁出现"+"时，可以进行添加到选区操作；按住 Alt 键，光标旁出现"−"时，可以进行从选区减去操作；按住 Shift+Alt 键，光标旁出现"×"时，可以进行与选区交叉操作。

● 3.2.7 变换选区操作

创建选区后，选择【选择】|【变换选区】命令，或在选区内右击，在弹出的快捷菜单中选择【变换选区】命令，然后把光标移到选区内，当光标变为▶形状时，即可拖动选区。使用【变换选区】命令除了可以移动选区外，还可以改变选区的形状，如对选区进行缩放、旋转和扭曲等。在变换选区时，直接通过拖动定界框的手柄可以调整选区，还可以配合 Shift、Alt 和 Ctrl 键的使用。

❶ 在图像文档中，选择【矩形选框】工具，在选项栏设置【羽化】为 2 像素，然后拖动鼠标创建选区。

❷ 选择【选择】|【变换选区】命令，显示定界框，拖动控制点即可对选区进行变形。

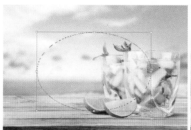

❸ 在选区变换状态下，右击选区，在弹出的快捷菜单中还可以选择变换方式，也可以在选项栏中，单击【在自由变换和变形模式之间切换】按钮 ☒，显示变形网格。

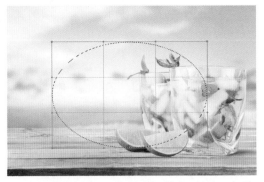

❹ 拖动变形网格的控制点或控制柄，即可调整变换效果。在选项栏中，单击【网格】选项，在该下拉列表中可以选择网格数量；单击【变形】选项，在该下拉列表中可以选择变换效果，并可在其后的数值框中设置水平或垂直方向上的弯曲度。变换完成后，单击选项栏中的【提交变换】按钮✓，或按 Enter 键确定应用选区变换。

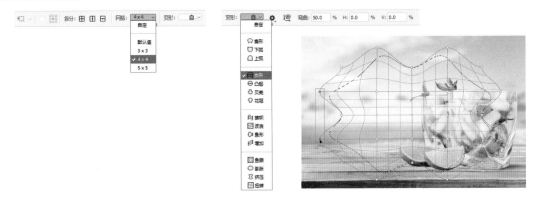

3.2.8 调整选区边缘

对于已有的选区可以对其边界进行向外扩展、向内收缩、平滑、羽化等操作。

【边界】命令可以选择现有选区边界的内部和外部的像素宽度。当要选择图像区域周围的边界或像素带，而不是该区域本身时，此命令很有用。选择【选择】|【修改】|【边界】命令，打开【边界选区】对话框。在该对话框的【宽度】数值框中可以输入一个 1 ~ 200 的像素值，然后单击【确定】按钮。新选区将为原始选定区域创建框架，此框架位于原始选区边界的中间。如边框宽度设置为 20 像素，则会创建一个新的柔和边缘选区，该选区将在原始选区边界的内外分别扩展 10 像素。

【平滑】命令用于平滑选区的边缘。选择【选择】|【修改】|【平滑】命令，打开【平滑选区】对话框。该对话框中的【取样半径】选项用来设置选区的平滑范围。

【扩展】命令用于扩展选区。选择【选择】|【修改】|【扩展】命令，打开【扩展选区】对话框，设置【扩展量】数值可以扩展选区。其数值越大，选区向外扩展的范围就越广。

【收缩】命令与【扩展】命令相反，用于收缩选区。选择【选择】|【修改】|【收缩】命令，打开【收缩选区】对话框。通过设置【收缩量】可以缩小选区。其数值越大，选区向内收缩的范围就越大。

【羽化】命令可以通过扩展选区轮廓周围的像素区域，达到柔和边缘效果。选择【选择】|【修改】|【羽化】命令，打开【羽化选区】对话框。通过更改【羽化半径】数值可以控制羽化范围的大小。当对选区进行填充、裁剪等操作时，可以看出羽化效果。如果选区较小而羽化半径设置较大，则会弹出警告对话框，单击【确定】按钮，可确认当前设置的羽化半径，而选区可能变得非常模糊，以至于在画面中看不到，但此时选区仍然存在。如果不想出现该警告，应减小羽化半径或增大选区的范围。

3.3　剪切、复制、粘贴、清除图像

剪切是将某个对象暂时存储到剪贴板中备用，并从原位置删除；复制是保留原始对象并复制到剪贴板中备用；粘贴则是将剪贴板中的对象提取到当前位置。

3.3.1　剪切

剪切就是将选中的内容暂时放入计算机的【剪贴板】中，而选择区域中的内容就会消失。通常【剪切】命令与【粘贴】命令一同使用。

扫一扫，看视频

❶ 选择一个普通图层，并使用选择工具创建一个选区，然后选择【编辑】|【剪切】命令，或按 Ctrl+X 快捷键，可以将选区中的内容剪切到剪贴板上，此时原始位置的图像就消失了。

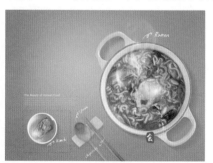

❷ 选择【编辑】|【粘贴】命令，或按 Ctrl+V 快捷键，可以将剪切的图像粘贴到画布中并生成一个新的图层。

提示：剪切后的区域不是透明的

如果被选中的图层是背景图层，那么剪切后的区域会被填充为当前的背景色。如果选中的图层为智能对象图层、3D图层、文字图层等特殊图层，则不能进行剪切操作。

● 3.3.2　复制

创建选区后，选择【编辑】|【复制】命令，或按 Ctrl+C 快捷键，可以将选中的图像复制到剪贴板中。选择【编辑】|【粘贴】命令，或按 Ctrl+V 快捷键，可以将复制的图像粘贴到画布中并生成一个新的图层。

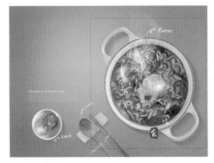

● 3.3.3　合并复制

合并复制就是将文档中所有可见图层复制并合并到剪贴板中。

❶ 打开一个包含多个图层的文档，选择【选择】|【全选】命令，或按 Ctrl+A 快捷键，全选当前图像。然后选择【编辑】|【合并拷贝】命令，按 Shift+Ctrl+C 快捷键，将所有可见图层复制并合并到剪贴板。

扫一扫，看视频

❷ 接着新建一个空白文档，按 Ctrl+V 快捷键，可以将合并复制的图像粘贴到当前文档或其他文档中。

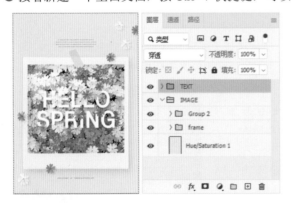

● 3.3.4　粘贴

使用【粘贴】命令可以将剪贴板中的内容原位粘贴，或粘贴到另一个选区的内部或外部。

- 选择【编辑】|【选择性粘贴】|【原位粘贴】命令，可以粘贴剪贴板中的图像至当前图像文件原位置，并生成新图层。
- 选择【编辑】|【选择性粘贴】|【贴入】命令，可以粘贴剪贴板中的图像至当前图像文件窗口显示的选区内，并且自动创建一个带有图层蒙版的新图层，放置剪切或复制的图像内容。
- 选择【编辑】|【选择性粘贴】|【外部粘贴】命令，可以粘贴剪贴板中的图像至当前图像文件窗口显示的选区外，并且自动创建一个带有图层蒙版的新图层。

3.3.5　清除图像

使用【清除】命令可以删除选区中的图像。清除图像分为两种情况，一种是清除普通图层中的图像，另一种是清除背景图层中的图像。

❶ 打开一个图像文件，在【图层】面板中自动生成一个背景图层。使用选框工具创建一个选区，然后选择【编辑】|【清除】命令，即可删除选区内的图像，并填充背景色。

❷ 如果创建选区后，按 Delete 键进行删除，会打开【填充】对话框。在该对话框中，设置填充的内容，如选择【前景色】，单击【确定】按钮。此时可以看到选区原有的图像被删除，而以前景色进行填充。

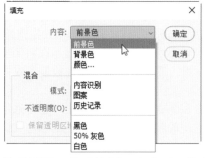 

❸ 如果选择一个普通图层，然后绘制一个选区，接着按 Delete 键进行删除，即可看到选区中的图像被删除。

3.4 颜色设置

在 Photoshop 中，设置的颜色不只用于【画笔】工具，在【渐变】工具、【颜色替换画笔】工具、【填充】命令，甚至在滤镜中都可能涉及。要设置颜色，可以从内置的色板中选择合适的颜色，也可以随意选择任何颜色，还可以从画面中选择某个颜色。

3.4.1 认识前景色和背景色

在设置颜色之前，用户需要先了解前景色和背景色。前景色决定了使用绘画工具绘制图形，以及使用文字工具创建文字时的颜色。背景色决定了使用橡皮擦工具擦除图像时，擦除区域呈现的颜色，以及增加画布大小时，新增画布的颜色。设置前景色和背景色可以利用位于工具面板下方的组件进行设置。系统默认状态下，前景色是 R、G、B 数值都为 0 的黑色，背景色是 R、G、B 数值都为 255 的白色。

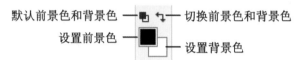

- 【设置前景色】/【设置背景色】图标：单击前景色或背景色图标，可以在弹出的【拾色器】对话框中选取一种颜色作为前景色或背景色。
- 【切换前景色和背景色】图标：单击该图标可以切换所设置的前景色和背景色，也可以按快捷键 X 进行切换。
- 【默认前景色和背景色】图标：单击该图标或者按快捷键 D 可以恢复默认的前景色和背景色。

3.4.2 使用【拾色器】选取颜色

在 Photoshop 中，单击工具面板下方的【设置前景色】或【设置背景色】图标都可以打开【拾色器】对话框。在【拾色器】对话框中可以基于 HSB、RGB、Lab、CMYK 等颜色模式指定颜色。

在【拾色器】对话框左侧的主颜色框中单击鼠标可选取颜色，该颜色会显示在右侧上方颜色方框内，同时右侧文本框的数值会随之改变。用户也可以在右侧的颜色文本框中输入数值，或拖动主颜色框右侧颜色滑动条的滑块来改变主颜色框中的主色调。

- 颜色滑块/色域/拾取颜色：拖动颜色滑块，或者在竖直的渐变颜色条上单击可选取颜色范围。设置颜色范围后，在色域中单击或拖动鼠标，可以在选定的颜色范围内设置当前颜色并调整颜色的深浅。

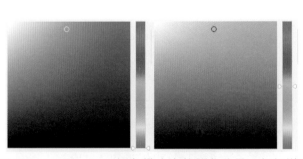

- 颜色值：【拾色器】对话框中的色域可以显示 HSB、RGB、Lab 颜色模式中的颜色分量。如知道所需颜色的数值，则可以在相应的数值框中输入数值，精确地定义颜色。

- 新的 / 当前：颜色滑块右侧的颜色框中有两个色块，上面的色块为【新的】，显示的是当前选择的颜色；下面的色块为【当前】，显示的是上一次选择的颜色。
- 溢色警告 / 非 Web 安全色警告：对于 CMYK 设置而言，在 RGB 模式中显示的颜色可能会超出色域范围而无法打印。如果当前选择的颜色是不能打印的颜色，则会显示溢色警告。Photoshop 在警告标志下方的颜色块中显示了与当前选择的颜色最为接近的 CMYK 颜色，单击警告标志或颜色块，可以将颜色块中的颜色设置为当前颜色。Web 安全颜色是浏览器使用的 216 种颜色，如果当前选择的颜色不能在 Web 页上准确地显示，则会出现非 Web 安全色警告。Photoshop 在该警告标志下的颜色块中显示了与当前选择的颜色最为接近的 Web 安全色，单击警告标志或颜色块，可将颜色块中的颜色设置为当前颜色。
- 【只有 Web 颜色】：选择此复选框，色域中只显示 Web 安全色，此时选择的任何颜色都是 Web 安全色。
- 【添加到色板】：单击此按钮，可以打开【色板名称】对话框，将当前设置的颜色添加到【色板】面板，使之成为面板中预设的颜色。
- 【颜色库】：单击该按钮，可以打开【颜色库】对话框。在【颜色库】对话框的【色库】下拉列表中提供了 20 多种颜色库。这些颜色库是国际公认的色样标准。彩色印刷人员可以根据按这些标准制作的色样本或色谱表精确地选择和确定所使用的颜色。

3.4.3　使用【色板】面板选取颜色

选择【窗口】|【色板】命令，打开【色板】面板。在其中包含了一些系统预设的颜色。

1. 使用【色板】面板设置前景色 / 背景色

在【色板】面板中单击色板，即可将其设置为前景色或背景色。这在 Photoshop 中是最简单、最快速的颜色选取方法。

❶ 选择【窗口】|【色板】命令，打开【色板】面板。在面板中包含多个颜色组，展开其中一个颜色组。
❷ 将鼠标移到色板上，光标变为吸管形状时，单击即可改变前景色；按住 Alt 键单击即可设置背景色。

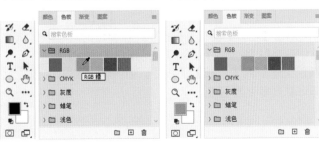

扫一扫，看视频

2. 新建色板 / 色板组

❶ 单击【色板】面板菜单按钮，在弹出的菜单中选择【新建色板组】命令，或单击【色板】面板底部的【创建新组】按钮 ▫️，在打开的【组名称】对话框中设置合适的名称，然后单击【确定】按钮。

❷ 选中色板组，设置一个前景色，然后单击【创建新色板】按钮 ▫️，在打开的【色板名称】对话框中对新建的色板进行命名，然后单击【确定】按钮，即可将当前的颜色添加到所选色板组中。

❸ 如果色板中有不需要的颜色，可将其删除。在【色板】面板中，选中要删除的色板，单击【删除色板】按钮 🗑️，在弹出的提示对话框中，单击【确定】按钮即可；也可以单击并拖动需要删除的色板至面板底部的【删除色板】按钮 🗑️ 上，释放鼠标即可。

3. 使用其他色板

单击【色板】面板菜单按钮，在弹出的菜单中选择【旧版色板】命令，即可将【旧版色板】颜色组追加到【色板】面板中，打开色板组即可看到多个颜色组。

4. 导出色板

如果要将当前的颜色信息存储起来，可在【色板】面板的弹出菜单中选择【导出所选色板】命令或【导出色板以供交换】命令。在打开的【另存为】对话框中，将色板存储到 Photoshop 安装路径下默认的 Color Swatches 文件夹中。如果要调用存储的色板文件，可以选择【导入色板】命令将颜色文件载入。

3.4.4　使用【颜色】面板选取颜色

选择【窗口】|【颜色】命令，可以打开【颜色】面板。【颜色】面板中显示了当前设置的前景色和背景色，并可以在该面板中设置前景色和背景色。

扫一扫，看视频

❶ 在【颜色】面板中单击前景色或背景色色板图标，此时所有的调节只对选中的色板有效。默认情况下，【颜色】面板以【色相立方体】的模式显示，这种模式与【拾色器】非常相似。用户也可以双击【颜色】面板中的前景色或背景色色块，打开【拾色器】对话框进行设置。

❷ 单击【颜色】面板右上角的面板菜单按钮，在弹出的菜单中还可以选择面板其他的显示方式。选择不同的颜色模式，面板中显示的内容也不同。如选择【RGB 滑块】命令，可以显示相应的颜色滑块。

❸ 拖曳颜色滑块，或者在数值框中输入数值即可设置颜色。

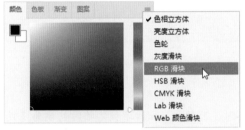
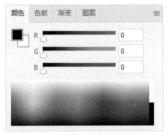
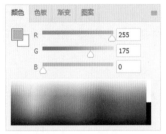

❹ 【颜色】面板下方有一个色谱条，将光标放置在色谱条上方，光标会变为吸管形状，单击鼠标，可以采集单击点的颜色。单击并按住鼠标左键在色谱条上拖曳鼠标，则可以动态采集颜色。

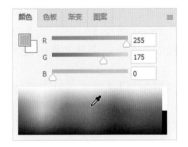
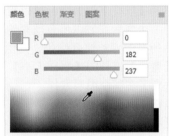

提示：如何快速设置前景色或背景色

前景色或背景色的填充是常用的操作，通过使用快捷键进行操作更加便捷。在【图层】面板中单击选择一个图层，接着设置合适的前景色，然后使用前景色填充快捷键 Alt+Delete 进行填充。如果想要填充背景色，接着设置合适的背景色，再使用背景色填充快捷键 Ctrl+Delete 进行填充。

3.4.5　使用【吸管】工具选取图像中的颜色

　　【吸管】工具和【色板】面板都属于不能设置颜色、只能使用现成颜色的工具。【吸管】工具可以从计算机屏幕的任何位置拾取颜色，包括在 Photoshop 工作区、计算机桌面、Windows 资源管理器，或者打开的网页等区域。

扫一扫，看视频

❶ 打开图像文件，选择【吸管】工具。在选项栏中设置【取样大小】为【取样点】、【样本】为【所有图层】，并选中【显示取样环】复选框。

❷ 将光标放在图像上，单击鼠标可以显示一个取样环，此时可以拾取单击点的颜色并将其设置为前景色。

 提示：【吸管】工具使用技巧

　　使用【画笔】【铅笔】【渐变】【油漆桶】等绘画类工具时，可按住 Alt 键不放，临时切换为【吸管】工具进行颜色拾取。拾取颜色后，释放 Alt 键还会恢复为之前使用的工具。使用【吸管】工具采集颜色时，按住鼠标左键并将光标拖出画布之外，可以采集 Photoshop 界面和界面以外的颜色信息。

◖【取样大小】：选择【取样点】选项，可以拾取鼠标单击点的精确颜色；选择【3×3 平均】选项，表示拾取光标下方 3 个像素区域内所有像素的混合颜色；选择【5×5 平均】选项，表示拾取光标下方 5 个像素区域内所有像素的混合颜色。其他选项以此类推。需要注意的是，【吸管】工具的【取样大小】会影响【魔棒】工具的【取样大小】。

◖【样本】：该选项决定了在哪个图层取样。如选择【当前图层】选项表示只在当前图层上取样；选择【所有图层】选项可以在所有图层上取样。

◖【显示取样环】复选框：选中该复选框，可以在拾取颜色时显示取样环。

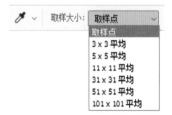

❸ 按住鼠标左键并移动，取样环中会出现两种颜色，当前拾取颜色在上面，前一次拾取的颜色在下面。按住 Alt 键并单击，可以拾取单击点的颜色并将其设置为背景色。

举一反三　制作促销横幅广告

案例效果：

| 文件路径：第 3 章 \ 制作促销横幅广告 |
| 难易程度：★☆☆☆☆ |
| 技术掌握：绘制形状、【颜色】面板 |

扫一扫，看视频

3.5　填充与描边

　　填充是指在图层或选区内的图像上填充颜色、渐变和图案。描边则是指为选区描绘可见的边缘。进行填充和描边操作时，可以使用【油漆桶】工具、【填充】和【描边】命令等。

3.5.1　使用【填充】命令

　　使用【填充】命令可以为整个图像或选区内的部分图像填充颜色、图案等，在填充的过程中还可以使填充的内容与原始内容产生混合效果。选择【编辑】|【填充】命令，或按 Shift+F5 快捷键打开【填充】对话框。在该对话框中需要设置填充的内容，还需要进行混合的设置，设置完成后单击【确定】按钮进行填充。需要注意的是，文字图层、智能对象等特殊图层以及被隐藏的图层不能使用【填充】命令。

　　◗【内容】选项：该选项可以选择填充内容，如前景色、背景色和图案等。

　　◗【颜色适应】复选框：选中该复选框后，可以通过某种算法将填充颜色与周围颜色混合。

　　◗【模式】/【不透明度】选项：这两个选项可以设置填充时所采用的颜色混合模式和不透明度。

　　◗【保留透明区域】复选框：选中该复选框后，只对图层中包含像素的区域进行填充。

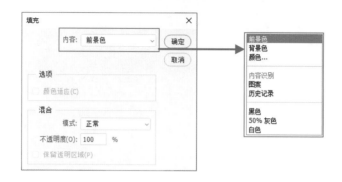

1. 填充颜色

填充颜色是指以纯色进行填充,在【填充】内容列表中有【前景色】【背景色】和【颜色】3 个选项。其中【前景色】和【背景色】选项,就是使用前景色和背景色进行填充。当设置【内容】为【颜色】选项时,弹出【拾色器】对话框,设置合适的颜色后,单击【确定】按钮,完成填充。

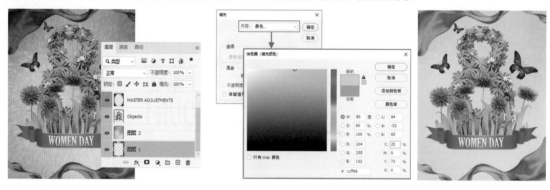

2. 填充图案

选区中不仅可以填充纯色,还可以填充图案。选择需要填充的图层或选区,打开【填充】对话框,设置【内容】为【图案】选项,然后单击【自定图案】右侧的 ⌄ 按钮,在弹出的下拉面板中打开任意一个图案组并单击选择一个图案,最后单击【确定】按钮。

3. 填充黑色 /50% 灰色 / 白色

当设置【内容】为【黑色】时,即可填充黑色;当设置【内容】为【50% 灰色】时,即可填充灰色;当设置【内容】为【白色】时,即可填充白色。

4. 填充历史记录

　　设置填充【内容】为【历史记录】选项，即可填充【历史记录】面板中所标记的状态。

❶ 选择【文件】|【打开】命令，打开素材图像，并按 Ctrl+J 快捷键复制【背景】图层。

❷ 选择【滤镜】|【模糊】|【高斯模糊】命令，打开【高斯模糊】对话框。在该对话框中，
设置【半径】为 45 像素，然后单击【确定】按钮。

扫一扫，看视频

❸ 打开【历史记录】面板，单击【创建新快照】按钮，基于当前的图像状态创建一个快照。在【快照 1】
前面单击，将历史记录的源设置为【快照 1】。

❹ 在【历史记录】面板中，单击【通过拷贝的图层】步骤，将图像恢复到步骤 (1) 的状态。

❺ 打开【通道】面板，按 Ctrl 键并单击 Alpha 1 通道缩览图，载入选区。

❻ 选择【编辑】|【填充】命令，在打开的【填充】对话框的【内容】下拉列表中选择【历史记录】选项，
然后单击【确定】按钮。设置完成后，按 Ctrl+D 快捷键取消选区结束操作。

3.5.2　使用【油漆桶】工具

利用【油漆桶】工具可以给指定容差范围的颜色或选区填充前景色或图案。选择【油漆桶】工具后，在其选项栏中可以设置不透明度、是否消除锯齿和容差等参数选项。

1. 使用【油漆桶】工具填充前景色

❶ 选择【油漆桶】工具，在选项栏中设置【填充模式】为【前景】，其他参数使用默认值即可。

❷ 更改前景色，然后在需要填充的位置上单击即可填充前景色。

2. 使用【油漆桶】工具填充图案

选择【油漆桶】工具，在选项栏中设置【填充模式】为【图案】，单击【图案】右侧的 按钮，在弹出的下拉面板中单击选择一个图案，然后在画面中单击进行填充。

- 填充内容：可以在下拉列表中选择填充内容，包括【前景】和【图案】。
- 【模式】/【不透明度】：用来设置填充内容的混合模式和不透明度。
- 【容差】：用来定义必须填充的像素的颜色相似程度。低容差会填充颜色值范围与单击点像素非常相似的像素，高容差则填充更大范围内的像素。
- 【消除锯齿】：选中该复选框，可以平滑填充选区的边缘。
- 【连续的】：选中该复选框，只填充与单击点相邻的像素；取消选中该复选框，可填充图像中的所有相似像素。
- 【所有图层】：选中该复选框，基于所有可见图层中的合并颜色数据填充图像；取消选中该复选框，则填充当前图层。

● 3.5.3　定义图案预设

图案是在绘画过程中被重复使用或拼接粘贴的图像。Photoshop 虽然为用户提供了大量现成的预设图案，但并不一定适用，这时我们可以将图片或图片的局部创建为自定义图案。

扫一扫，看视频

❶ 打开一个图像，我们可以将整幅图像定义为图案。如果想要将局部图像定义为图案，那么可以先框选出该部分图像。

❷ 使用【编辑】|【定义图案】命令，在打开的【图案名称】对话框中，设置一个合适的名称，然后单击【确定】按钮完成图案的定义。自定义的图案会像 Photoshop 预设的图案一样出现在【油漆桶】【图案图章】【修复画笔】和【修补】等工具选项栏的弹出式面板，以及【图层样式】对话框中。

● 3.5.4　使用【图案】面板管理图案

使用【图案】面板能够存储、导入和管理图案。

❶ 选择【窗口】|【图案】命令，打开【图案】面板。在【图案】面板中能够选择已有的预设图案和之前新建的图案。如果要删除图案，可以选中图案，按住鼠标左键并将其拖至【删除图案】按钮上，释放鼠标左键后即可删除图案。

83

❷ 选中一个图案，单击面板菜单按钮，在弹出的菜单中选择【导出所选图案】命令。在打开的【另存为】
对话框中，设置合适的名称，然后单击【保存】按钮。在保存的位置即可看到相应的文件，文件类型为 .PAT。

  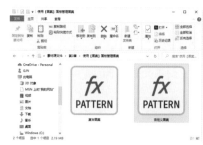

❸ 如果要导入图案，可以单击面板菜单按钮，在弹出的菜单中选择【导入图案】命令。在打开的【载入】
对话框中，选择图案文件，然后单击【载入】按钮，即可在【图案】面板中看到载入的图案。

 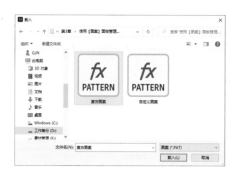 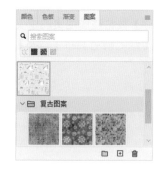

练一练　　制作感恩卡

案例效果：

文件路径：第 3 章 \ 制作感恩卡	
难易程度：★★☆☆☆	
技术掌握：定义图案、【填充】命令	

扫一扫，看视频

3.5.5　使用【渐变】工具

使用【渐变】工具，可以在图像中创建多种颜色间逐渐过渡混合的效果。在 Photoshop 中，使用【渐
变】工具不仅可以填充图像，还可以填充图层蒙版、快速蒙版和通道。另外，控制调整图层和填充图层

的有效范围时也会用到【渐变】工具。选择该工具后，用户可以根据需要在【渐变编辑器】对话框中设置渐变颜色，也可以选择系统自带的预设渐变应用于图像中。

1. 使用已有的渐变

❶ 选择【渐变】工具，单击选项栏中【渐变色条】右侧的 按钮，在弹出的下拉面板中能够看到多个渐变颜色组。单击 按钮展开任意一个颜色组，再单击选中一个渐变颜色。在不设置其他选项的情况下，选择一个图层或创建一个选区，然后在图像中单击并按住鼠标左键拖出一条直线，以表示渐变的起始点和终点，释放鼠标左键后即可填充渐变。

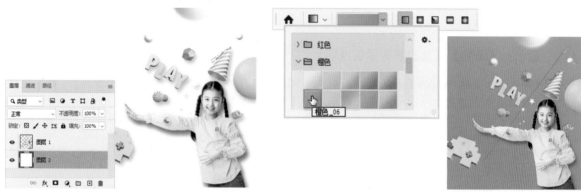

❷ 选择好渐变颜色后，需要设置渐变类型。在选项栏中，有 5 个选项用来设置渐变类型。单击【线性渐变】按钮，可以以直线方式创建从起点到终点的渐变；单击【径向渐变】按钮，可以以环状方式创建从起点到终点的渐变；单击【角度渐变】按钮，可以创建围绕起点以逆时针扫描方式的渐变；单击【对称渐变】按钮，可以使用均衡的线性渐变在起点的任意一侧创建渐变；单击【菱形渐变】按钮，可以以菱形方式从起点向外产生渐变，终点定义为菱形的一个角。

❸ 选项栏中的【模式】用来设置应用渐变时的混合模式。【不透明度】用来设置渐变效果的不透明度。在选项栏中设置【模式】和【不透明度】，然后拖动进行填充，即可看到相应的效果。

 提示：【渐变】工具的渐变插值选项

在【渐变】工具选项栏的【方法】下拉列表中可以选择【可感知】【线性】和【古典】3种渐变插值方法，帮助用户创建更加平滑的渐变。默认选择【可感知】选项。

【可感知】选项：使用此选项可创建自然的渐变，就像人眼看到现实世界中的自然渐变一样。

【线性】选项：类似于可感知，此选项也与人眼在自然世界中感知光的方式非常相似。

【古典】选项：使用此渐变选项可处理包含旧版 Photoshop 中创建的渐变的设计，此选项可帮助用户保留相同的外观。

❹ 【反向】复选框用于转换渐变中的颜色顺序，得到反向的渐变效果。选中【仿色】复选框，可用较小的带宽创建较平滑的混合，可防止打印时出现条带化现象，但在屏幕上并不能明显地体现出仿色的作用。

2. 编辑不同的渐变色

预设的渐变颜色远远不能满足用户的编辑需求，这时可以通过【渐变编辑器】对话框，自定义适合需求的渐变颜色。

❶ 单击选项栏中的【渐变色条】，打开【渐变编辑器】对话框。在【渐变编辑器】对话框的【预设】窗口中提供了各种预设渐变样式的缩览图。通过单击缩览图，即可选取渐变样式，并且在对话框的下方将显示该渐变样式的各项参数及选项设置。

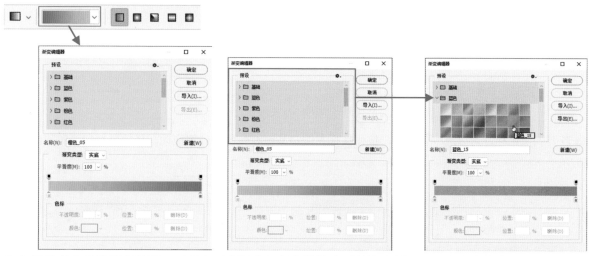

❷ 如果没有合适的渐变效果，可以在下方渐变色条中编辑合适的渐变效果。双击渐变色条底部的色标，在弹出的【拾色器 (色标颜色)】对话框中设置颜色。用户也可以在选择色标后，通过【渐变编辑器】对话框中的【颜色】选项进行颜色设置。如果色标不够，可以在渐变色条下方单击，添加更多的色标。

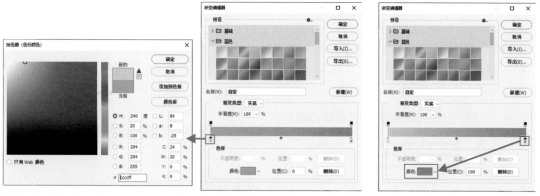

❸ 按住色标并向左右拖动可以改变色标的位置。在单击色标时，会显示其与相邻色标之间的颜色过渡中点。拖动该中点，可以调整渐变颜色之间的颜色过渡范围。

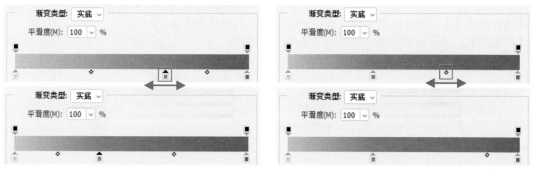

❹ 如果要制作带有透明效果的渐变颜色，可以单击渐变色条上的不透明度色标，然后在【不透明度】数值框中设置参数。在单击不透明度色标时，在与其相邻的不透明度色标之间会显示不透明度过渡点。拖动该过渡点，可以调整渐变颜色之间的不透明度过渡范围。

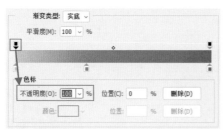 

❺ 若要删除色标，可以选中色标后，按住鼠标左键将其向渐变色条外侧拖动，释放鼠标即可删除色标。

 提示：如何设置杂色渐变

　　渐变分为实底渐变与杂色渐变两种，在此之前我们创建的渐变都为实底渐变，在【渐变编辑器】对话框中设置【渐变类型】为【杂色】，就可以得到由大量颜色构成的渐变。

　　【粗糙度】：用来设置渐变的平滑程度，数值越高，颜色层次越丰富，颜色之间的过渡效果越明显。

　　【颜色模型】：在该下拉列表中选择一种颜色模型用来设置渐变，包括RGB、HSB和LAB。拖动滑块，可以调整渐变颜色。

　　【限制颜色】：选中该复选框，将颜色限制在可以打印的范围内，以免颜色过于饱和。

　　【增加透明度】：选中该复选框，可以向渐变中添加透明度像素。

　　【随机化】：单击该按钮可以产生一个新的渐变颜色。

🏷 3. 存储渐变

　　在【渐变编辑器】对话框中调整好一个渐变后，在【名称】文本框中输入渐变的名称，然后单击【新建】按钮，可将其保存到渐变列表中。如果单击【导出】按钮，可以打开【另存为】对话框，将当前渐变列表中所有选中的渐变保存为一个渐变库。

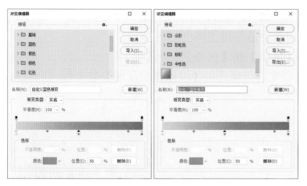 

练一练	制作优惠券领取界面

案例效果：

文件路径： 第 3 章 \ 制作优惠券领取界面

难易程度： ★★☆☆☆

技术掌握： 使用【渐变】工具

扫一扫，看视频

3.5.6　描边设置

　　使用【描边】命令可以沿图像边缘或选区边缘进行描绘。【描边】操作常用于突出画面中的某些元素，或用于使某些元素与背景的隔离。

❶ 使用选区工具创建选区，如果不创建选区，描边操作会针对当前图层的外轮廓进行描边。选择【编辑】|【描边】命令，打开【描边】对话框。

❷ 在【描边】对话框中，【宽度】选项用来控制描边的粗细，【颜色】选项用来设置描边颜色，单击【颜色】选项右侧的颜色块，可以打开【拾色器】对话框设置合适的描边颜色。

❸ 【位置】选项用于选择描边的位置，包括【内部】【居中】和【居外】3 个选项。

❹ 【混合】选项用来设置描边颜色的混合模式和不透明度。如果选中【保留透明区域】复选框，则只对包含像素的区域进行描边。

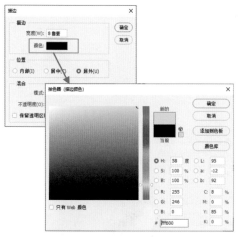

练一练	制作穿插效果

文件路径：第 3 章 \ 制作穿插效果
难易程度：★★☆☆☆
技术掌握：选区操作、描边

扫一扫，看视频

举一反三	制作运动海报

文件路径：第 3 章 \ 制作运动海报
难易程度：★★★☆☆
技术掌握：定义图案、填充

扫一扫，看视频

案例效果：

案例效果：

第4章
绘画功能应用

本章内容简介

Photoshop 不仅可以用于图像编辑和平面设计，还可以用于数字绘画领域。在 Photoshop 中，数字绘画主要使用【画笔】工具和【橡皮擦】工具，除此之外，配合【画笔设置】面板可以轻松地绘制出不同效果的笔触。

本章重点内容

- 熟练掌握【画笔】工具的使用
- 熟练掌握【橡皮擦】工具的使用
- 掌握【画笔设置】面板的使用方法

练一练 & 举一反三详解

4.1 绘画工具

数字绘画是 Photoshop 的重要功能之一。在数字绘画方面，Photoshop 提供了强大的绘制工具及方便的擦除工具，可以模拟不同的画布、不同的颜料，可轻松绘制出油画、水彩画、铅笔画、钢笔画等效果。这些工具除了在数字绘画方面能够使用到，在修图或平面设计、服装设计等方面也一样经常使用到。

4.1.1 使用【画笔】工具

【画笔】工具 ✐ 类似于传统的毛笔，它使用前景色绘制线条、涂抹颜色，可以轻松地模拟真实的绘画效果，也可以用来修改通道和蒙版效果，是 Photoshop 中最为常用的绘画工具。【画笔】工具绘制的方法很简单，在画面中单击，能够绘制出一个圆点。在画面中按住鼠标左键并拖动，即可轻松绘制出线条。

提示：画笔工具的使用技巧

使用画笔工具时，按下 [键可以减小画笔的直径，按下] 键可以增加画笔的直径；对于实边圆、柔边圆和书法画笔，按下 Shift+[键可减小画笔的硬度，按下 Shift+] 键则可增加画笔的硬度。

按下键盘中的数字键可以调整画笔工具的不透明度。例如，按下 1 时，不透明度为 10%；按下 5 时，不透明度为 50%；按下 75 时，不透明度为 75%；按下 0 时，不透明度恢复为 100%。

使用画笔工具时，在画面中单击，然后按住 Shift 键并单击画面中任意一点，两点之间会以直线连接；按住 Shift 键还可以绘制水平、垂直或 45° 为增量的直线。

选择【画笔】工具后，在选项栏中单击 ⬩⬩ 按钮，或在画面中右击，打开【画笔预设】选取器。【画笔预设】选取器中包含多组画笔，展开其中一个画笔组，再单击选择一种合适的笔尖，并通过拖动滑块设置画笔的大小和硬度。使用过的画笔笔尖会显示在【画笔预设】选取器中。

提示：如何切换【画笔】工具的光标显示

在使用【画笔】工具进行绘制时，按下键盘上的 Caps Lock 大写锁定键，画笔光标会由圆形或其他画笔的形状变为十字形。这时只需要再按下键盘上的 Caps Lock 大写锁定键，即可恢复为可以调整大小的带有图形的画笔效果。

- 【角度 / 圆度】：画笔的角度是指画笔的长轴在水平方向旋转的角度。圆度是指画笔在 Z 轴 (垂直于画面，向屏幕内外延伸的轴向) 上的旋转效果。
- 【大小】：通过设置数值或拖动滑块可以调整画笔笔尖的大小。在英文输入法状态下，可以按 [键或] 键来减小或增大画笔笔尖的大小。
- 【硬度】：当使用圆形的画笔时硬度数值可以调整。数值越大，画笔边缘越清晰；数值越小，画笔边缘越模糊。

除了设置画笔的各项参数选项外，用户还可以在选项栏中调节画笔绘制效果。其中，主要的几项参数如下所示。

- 【切换 "画笔设置" 面板】按钮：单击该按钮，可以打开【画笔设置】面板。
- 【模式】选项：该下拉列表用于设置在绘画过程中画笔与图像产生特殊混合效果。
- 【不透明度】选项：用于设置绘制画笔效果的不透明度，数值为 100% 时表示画笔效果完全不透明，而数值为 1% 时则表示画笔效果接近完全透明。
- ：在使用带有压感的手绘板时，启用该项则可以对【不透明度】使用【压力】。在关闭该项时，【画笔预设】控制压力。
- 【流量】选项：用于设置【画笔】工具应用油彩的速度，该数值较低会形成较轻的描边效果。
- ：选中该按钮后，可以启用喷枪功能，Photoshop 会根据鼠标左键的单击程度来确定画笔笔迹的填充数量。
- 【平滑】选项：用于设置所绘制线条的流畅度，数值越高，线条越平滑。
- 【设置其他平滑选项】按钮：描边平滑在多种模式下均可使用。单击【设置其他平滑选项】按钮，在弹出的下拉面板中可启用一种或多种模式。
- ：在使用带有压感的手绘板时，启用该项则可以对【大小】使用【压力】。在关闭该项时，【画笔预设】控制压力。

 提示：使用对称模式进行绘制

使用【画笔】【混合器画笔】【铅笔】及【橡皮擦】工具可以绘制对称图形。在使用这些工具时，单击选项栏中的【设置绘画的对称选项】按钮，可从以下几种可用的对称类型中进行选择：垂直、水平、双轴、对角、波纹、圆形、螺旋线、平行线、径向、曼陀罗。

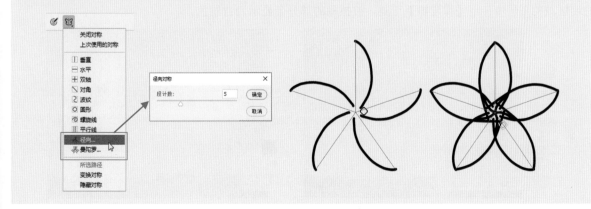

Photoshop 2022从入门到精通(微视频版)

● 4.1.2　使用【铅笔】工具

　　【铅笔】工具通常用于绘制一些棱角比较突出、无边缘发散效果的线条。选择【铅笔】工具后，选项栏中大部分参数选项的设置与【画笔】工具基本相同。

　　【铅笔】工具的使用方法非常简单，单击可点出一个笔尖图案或圆点；单击并拖曳鼠标可以绘制出线条。如果绘制的线条不准确，可以按 Ctrl+Z 快捷键撤销操作，或者使用【橡皮擦】工具将多余的线条擦除。

提示：【铅笔】工具的【自动抹除】功能

　　【铅笔】工具的选项栏中有一个【自动抹除】复选框。选中该复选框后，在使用【铅笔】工具进行绘制时，如果光标的中心在前景色上，则该区域将被涂抹成背景色；如果在开始拖动时，光标的中心在不包含前景色的区域上，则该区域将被绘制成前景色。

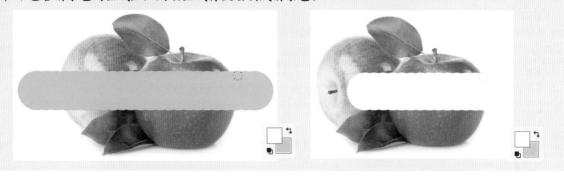

● 4.1.3　使用【橡皮擦】工具

　　Photoshop 提供了 3 种擦除工具：【橡皮擦】工具、【魔术橡皮擦】工具和【背景橡皮擦】工具。【橡皮擦】工具是最基础、最常用的擦除工具。

❶ 使用【橡皮擦】工具直接在画面中按住鼠标左键并拖曳可以擦除对象。如果在【背景】图层或锁定了透明区域的图层中使用【橡皮擦】工具，被擦除的部分会显示为背景色。

❷ 在其他图层上使用【橡皮擦】工具时，被擦除的区域会成为透明区域。

选择【橡皮擦】工具后，选项栏中主要选项参数的作用如下。

- 【画笔】选项：可以设置橡皮擦工具使用的画笔样式和大小。
- 【模式】选项：可以设置不同的擦除模式。其中，选择【画笔】和【铅笔】选项时，其使用方法与【画笔】和【铅笔】工具相似；选择【块】选项时，在图像窗口中进行擦除的大小固定不变。
- 【不透明度】数值框：可以设置擦除时的不透明度。将不透明度设置为 100% 时，被擦除的区域将变成透明色；设置为 1% 时，不透明度将无效，将不能擦除任何图像画面。
- 【流量】数值框：用来控制【橡皮擦】工具的涂抹速度。
- 【平滑】：用于设置擦除时线条的流畅程度，数值越高，线条越平滑。
- 【抹到历史记录】复选框：选中该复选框后，可以将指定的图像区域恢复至快照或某一操作步骤下的状态。

举一反三　为图像添色

案例效果：

| 文件路径：第 4 章 \ 为图像添色 |
| 难易程度：★☆☆☆☆ |
| 技术掌握：【画笔】工具 |

扫一扫，看视频

4.1.4　使用【图案图章】工具

使用【图案图章】工具可以绘制图案。

❶ 打开一个图像文档，选择【图案图章】工具，在选项栏中设置合适的笔尖大小，在图案列表中选择一个图案。

扫一扫，看视频

- 【对齐】复选框：选中该复选框后，可以保持图案与原始起点的连续性，即使多次单击鼠标也不例外；取消选中该复选框时，则每次单击都重新应用图案。

● 【印象派效果】复选框：选中该复选框后，可以模拟出印象派效果的图案。

❷ 在画面中按住鼠标左键进行涂抹，即可看到绘制效果。

4.2 使用【画笔设置】面板设置绘图工具

【画笔设置】面板是 Photoshop 最重要的面板之一。它可以设置绘画工具，以及修饰工具的笔尖种类、画笔大小和硬度，并且用户还可以创建自己需要的特殊画笔。

4.2.1 认识【画笔设置】面板

选择【窗口】|【画笔设置】命令，或单击【画笔】工具选项栏中的【切换"画笔"面板】按钮 ，或按快捷键 F5 可以打开【画笔设置】面板。该面板默认显示的是【画笔笔尖形状】界面，在底部显示当前笔尖样式的预览效果。在【画笔设置】面板的左侧选项列表中，可以启用画笔的各种属性，如形状动态、散布、纹理、双重画笔、颜色动态、传递、画笔笔势等。选中某种属性，在右侧的区域中即可显示该选项的所有参数设置。

4.2.2 笔尖形状设置

默认情况下，打开【画笔设置】面板后显示【画笔笔尖形状】选项，在其右侧的选项中可以设置画笔样式的笔尖形状、直径、角度、圆度、硬度、间距等基本参数选项。

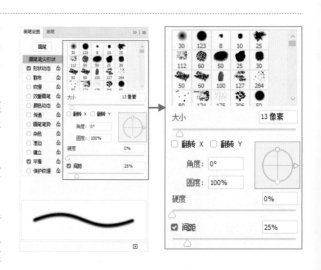

● 画笔笔触样式列表：在此列表中有各种画笔笔触样式可供选择，用户可以选择默认的笔触样式，也可以载入需要的画笔进行绘制。

● 【大小】数值框：在该数值框中可以设置 1~2500 像素的笔触大小，也可以通过拖动下面的滑块进行设置。

● 【翻转 X】和【翻转 Y】复选框：选中【翻转 X】复选框可以改变画笔在 X 轴即水平方向上的方向；选中【翻转 Y】复选框可以修改画笔在 Y 轴即垂直方向上的方向。

- 【角度】数值框：在该数值框中输入数值可以调整画笔在水平方向上的旋转角度，取值范围为 -180°~180°，也可以通过在右侧的预览框中拖动水平轴进行设置。

  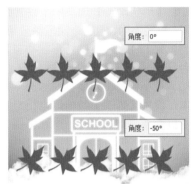

- 【圆度】数值框：在该数值框中输入数值，或在右侧的预览框中拖动节点，可以设置画笔短轴与长轴的比率，取值范围是 0~100%。设置的数值越大，笔触越接近圆形；设置的数值越小，笔触越接近线性。

- 【硬度】数值框：用于调整笔触边缘的虚化程度，在右侧数值框中直接输入数值，或拖动下方的滑块，可以在 0 和 100% 之间的范围内调整笔触的硬度。设置的数值越高，笔触边缘越清晰；设置的数值越低，笔触边缘越模糊。

- 【间距】数值框：在该数值框中输入数值，或拖动下方的滑块，可以调整画笔每两笔之间的距离。当输入的数值为 0 时，绘制出的是一条连续的线条，当设置的数值大于 100% 时，绘制出的则是有间隔的虚线。

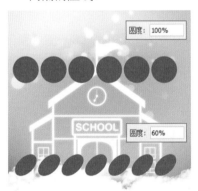  

练一练　制作邮票效果

| 文件路径：第 4 章 \ 制作邮票效果 |
| 难易程度：★☆☆☆☆ |
| 技术掌握：【画笔设置】面板 |

扫一扫，看视频

案例效果：

4.2.3 形状动态

【形状动态】选项用于设置绘制出带有大小不同、角度不同、圆度不同笔触效果的线条。单击【画笔设置】面板左侧的【形状动态】选项，面板右侧会显示该选项对应的设置参数，如画笔的大小抖动、最小直径、角度抖动和圆度抖动等。在该界面中，设置【抖动】数值可以指定参数在一定范围内随机变换，数值越大，变化范围也越大。

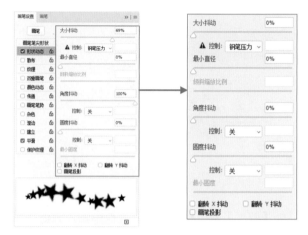

- 【大小抖动】：指定描边中画笔笔迹大小的改变方式。数值越高，图像轮廓越不规则。
- 【控制】：在该下拉列表中可以设置【大小抖动】的方式。其中，【关】选项表示不控制画笔笔迹的大小变换；【渐隐】选项表示按指定数量的步长在初始直径和最小直径之间渐隐画笔笔迹的大小，使笔迹产生逐渐淡出的效果；如果配置了绘图板，可以选择【钢笔压力】【钢笔斜度】【光笔轮】或【旋转】选项，然后根据钢笔的压力、斜度、钢笔位置或旋转角度来改变初始直径和最小直径之间的画笔笔迹大小。
- 【最小直径】：当启用【大小抖动】选项后，通过该选项可以设置画笔笔迹缩放的最小缩放百分比。该数值越高，笔尖的直径变化越小。
- 【倾斜缩放比例】：当【大小抖动】设置为【钢笔斜度】选项时，该选项用来设置在旋转前应用于画笔高度的比例因子。
- 【角度抖动 / 控制】：用来设置画笔笔迹的角度。如果要设置【角度抖动】的方式，可以在下面的【控制】下拉列表中进行选择。
- 【圆度抖动 / 控制 / 最小圆度】：用来设置画笔笔迹的圆度在描边中的变化方式。如果要设置【圆度抖动】的方式，可以在下面的【控制】下拉列表中进行选择。另外，【最小圆度】选项可用来设置画笔笔迹的最小圆度。

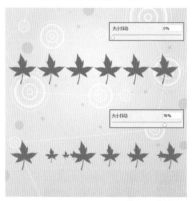

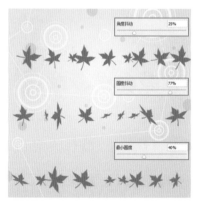

- 【翻转 X 抖动】/【翻转 Y 抖动】：将画笔笔尖在其 X 轴或 Y 轴上进行翻转。
- 【画笔投影】：用绘图板绘图时，选中该复选框，可以根据画笔的压力改变笔触的效果。

● 4.2.4　散布

　　【散布】选项用来指定描边中笔迹的数量和位置，使画笔笔迹沿着绘制的线条扩散。单击【画笔设置】面板左侧的【散布】选项，面板右侧会显示该选项对应的设置参数。用户可以在界面中对散布的方式、数量和散布的随机性进行调整。数值越大，变化范围也越大。

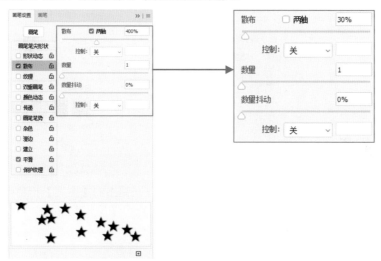

◗ 【散布】：指定画笔笔迹在描边中的分散程度，该值越高，分散的范围越广。当选中【两轴】复选框时，画笔笔迹将以中心点为基准，向两侧分散。如果要设置画笔笔迹的分散方式，可以在下面的【控制】下拉列表中进行选择。

◗ 【数量】：指定在每个间距间隔应用的画笔笔迹数量。数值越高，笔迹重复的数量越大。

◗ 【数量抖动】：指定画笔笔迹的数量如何针对各种间距间隔产生变化。如果要设置【数量抖动】的方式，可以在下面的【控制】下拉列表中进行选择。

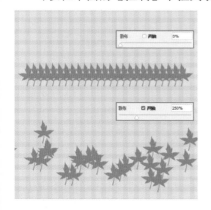
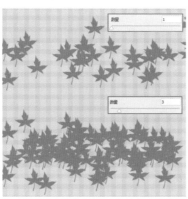
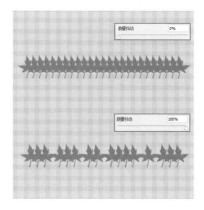

● 4.2.5　纹理

　　【纹理】选项用于设置画笔笔触的纹理，使之可以绘制出带有纹理的笔触效果。单击【画笔设置】面板左侧的【纹理】选项，面板右侧会显示该选项对应的设置参数。用户可以在界面中对图案的大小、亮度、对比度、混合模式等选项进行设置。

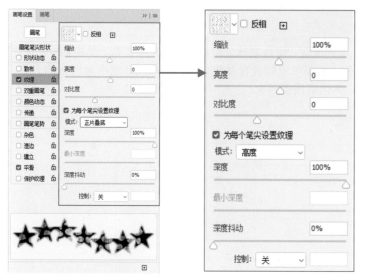
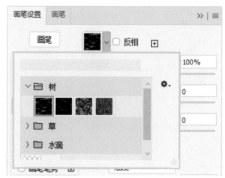

- 【设置纹理 / 反相】：单击图案缩览图右侧的按钮，可以在弹出的【图案】拾色器中选择一个图案，并将其设置为纹理。绘制出的笔触就会带有纹理。如果选中【反相】复选框，可以基于图案中的色调来反转纹理中的亮点和暗点。
- 【缩放】：设置图案的缩放比例。数值越小，纹理越多、越密集。
- 【为每个笔尖设置纹理】：将选定的纹理单独应用于画笔描边中的每个画笔笔迹，而不是作为整体应用于画笔描边。如果取消选中【为每个笔尖设置纹理】复选框，下面的【深度抖动】选项将不可用。
- 【模式】：设置组合画笔和图案的混合模式。

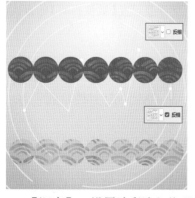
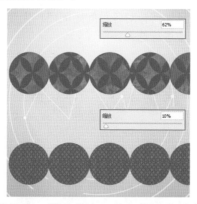
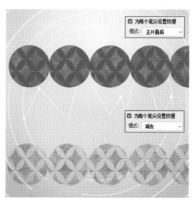

- 【深度】：设置油彩渗入纹理的深度。数值越大，渗入的深度越大。
- 【最小深度】：当【深度抖动】下面的【控制】选项设置为【渐隐】【钢笔压力】【钢笔斜度】或【光轮笔】选项，并且选中了【为每个笔尖设置纹理】复选框时，【最小深度】选项用来设置油彩可渗入纹理的最小深度。
- 【深度抖动】：当选中【为每个笔尖设置纹理】复选框时，【深度抖动】选项用来设置深度的改变方式。如果要指定如何控制画笔笔迹的深度变化，可以从下面的【控制】下拉列表中进行选择。

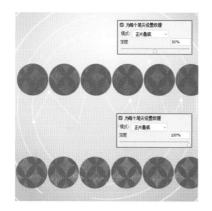

4.2.6　双重画笔

　　【双重画笔】选项是通过组合两个笔尖来创建画笔笔迹，它可在主画笔的画笔描边内应用第二个画笔纹理，并且仅绘制两个画笔描边的交叉区域。如果要使用双重画笔，应首先在【画笔设置】面板的【画笔笔尖形状】选项中设置主要笔尖的选项，然后从【画笔设置】面板的【双重画笔】选项部分选择另一个画笔笔尖。

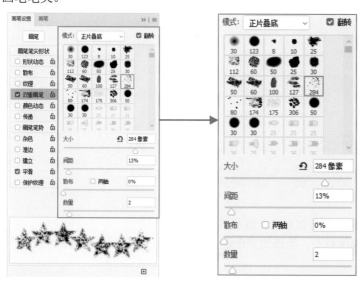
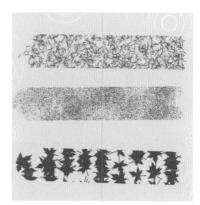

4.2.7　颜色动态

　　选中【颜色动态】选项可以绘制出颜色随机性很强的彩色斑点效果。单击【画笔设置】面板左侧的【颜色动态】选项，面板右侧会显示该选项对应的设置参数。用户在设置颜色动态之前，首先需要设置合适的前景色与背景色，然后在【颜色动态】设置界面进行其他参数选项的设置。

- 【应用每笔尖】：选中【应用每笔尖】复选框后，每个笔触都会带有颜色，要设置【颜色动态】，就必须选中该复选框。
- 【前景 / 背景抖动】【控制】：用来指定前景色和背景色之间的油彩变化方式。数值越小，变化后的颜色越接近前景色；数值越大，变化后的颜色越接近背景色。如果要指定如何控制画笔笔迹的颜色变化，可以在下面的【控制】下拉列表中进行选择。

- 【色相抖动】：设置颜色的变化范围。数值越小，颜色越接近前景色；数值越大，色相变化越丰富。
- 【饱和度抖动】：设置颜色的饱和度变化范围。数值越小，色彩的饱和度变化越小；数值越大，色彩的饱和度变化越大。

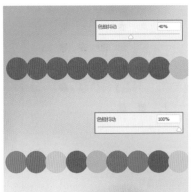
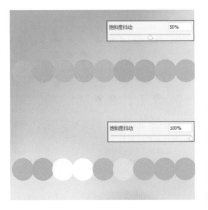

- 【亮度抖动】：设置颜色亮度的随机性。数值越大，随机性越强。
- 【纯度】：用来设置颜色的纯度。数值越小，笔迹的颜色越接近于黑白色；数值越大，颜色的饱和度越高。

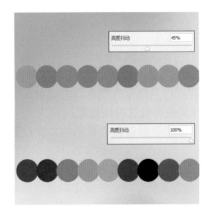
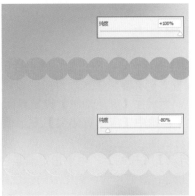

4.2.8　传递

【传递】选项用于设置笔触的不透明度、流量、湿度、混合等，用来控制颜色在描边路线中的改变方式。单击【画笔设置】面板左侧的【传递】选项，右侧会显示该选项对应的设置参数。【传递】选项常用于光效的制作。

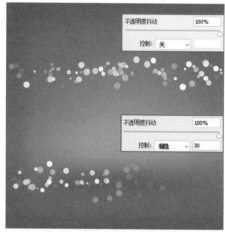

- 【不透明度抖动 / 控制】：指定画笔描边中油彩不透明度的变化方式，最高值是选项栏中指定的不透明度值。如果要指定如何控制画笔笔迹的不透明度变化，可以从下面的【控制】下拉列表中进行选择。
- 【流量抖动 / 控制】：用来设置画笔笔迹中油彩流量的变化程度。如果要指定如何控制画笔笔迹的流量变化，可以从下面的【控制】下拉列表中进行选择。
- 【湿度抖动 / 控制】：用来控制画笔笔迹中油彩湿度的变化程度。如果要指定如何控制画笔笔迹的湿度变化，可以从下面的【控制】下拉列表中进行选择。
- 【混合抖动 / 控制】：用来控制画笔笔迹中油彩混合的变化程度。如果要指定如何控制画笔笔迹的混合变化，可以从下面的【控制】下拉列表中进行选择。

4.2.9　画笔笔势

【画笔笔势】选项是针对特定笔刷样式进行调整的选项。在【画笔】面板菜单中选择【旧版画笔】命令，载入【旧版画笔】组，然后打开【默认画笔】组，选择一个毛刷画笔。单击【画笔设置】面板左侧的【画笔笔势】选项，面板右侧会显示该选项对应的设置参数。

- 【倾斜 X/ 倾斜 Y】：使笔尖沿 X 轴或 Y 轴倾斜。
- 【旋转】：设置笔尖旋转效果。
- 【压力】：压力数值越高，绘制速度越快，线条效果越粗犷。

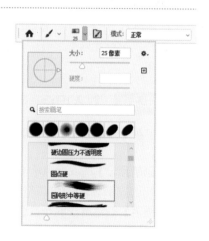

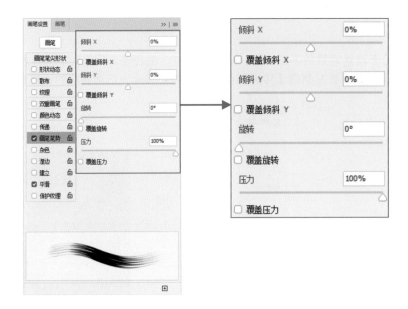

4.2.10 其他选项

【画笔设置】面板左侧还有 5 个单独的选项，包括【杂色】【湿边】【建立】【平滑】和【保护纹理】。这 5 个选项没有控制参数，需要使用时，只需将其选择即可。

- 【杂色】选项：此选项可以为个别画笔笔尖增加额外的随机性。当应用柔化笔尖时，此选项最有效。
- 【湿边】选项：此选项可以沿画笔描边的边缘增大油彩量，从而创建水彩效果。
- 【建立】选项：此选项可以将渐变色应用于图像，同时模拟传统的喷枪技术。
- 【平滑】选项：此选项可以在画笔描边中生成更平滑的曲线。当使用画笔进行快速绘画时，此选项最有效，但是在描边渲染中可能会导致轻微的滞后。
- 【保护纹理】选项：此选项可以将相同图案和缩放比例应用于具有纹理的所有画笔预设。选择此选项后，在使用多个纹理画笔笔尖绘画时，可以模拟出一致的画布纹理。

4.3 使用不同的画笔

Photoshop 内置了多种画笔以供选择，但默认状态下是隐藏的，用户需要通过载入才能使用。除此之外，用户也可以在网上下载所需的画笔库导入 Photoshop 中使用，甚至还可以将图像定义为画笔，绘制特殊效果。

4.3.1 载入旧版画笔

除了在【画笔预设】选取器中显示的画笔类型外，在 Photoshop 中还可以载入【旧版画笔】。

❶ 在【画笔预设】选取器中单击右上角的 按钮，在显示的菜单中选择【旧版画笔】命令。

❷ 在弹出的提示对话框中，单击【确定】按钮，然后在【画笔预设】选取器底部即可看到【旧版画笔】画笔组。展开该组，即可看到很多不同的画笔样式。

扫一扫，看视频

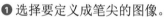

4.3.2　创建自定义画笔

Photoshop 允许用户将图片或图片中的部分内容定义为画笔笔尖，方便用户在使用【画笔】【橡皮擦】【加深】【减淡】工具时使用。

❶ 选择要定义成笔尖的图像。

❷ 选择【编辑】|【定义画笔预设】命令。在打开的【画笔名称】对话框的【名称】文本框中输入画笔名称，然后单击【确定】按钮完成画笔的定义。自定义的画笔只保留了图像的明度信息，而不会保存其颜色信息。因此，使用这类画笔样式进行描绘时，会以当前前景色的颜色为画笔颜色。

❸ 定义好笔尖后，在【画笔预设】选取器中可以看到新定义的画笔。选择自定义的笔尖后就可以像使用系统预设笔尖一样进行绘制了。

扫一扫，看视频

提示：

Photoshop 只能将灰度图像定义为画笔。即便定义的是彩色图像，定义完成后的画笔也是灰色图像，并且它是通过灰度深浅的程度来控制画笔的透明度的。

4.3.3　使用外挂画笔资源

在 Photoshop 中，用户除了可以使用自带的画笔库外，还可以通过【导入画笔】命令载入各种下载的笔刷样式。

❶ 在【画笔】面板中，单击面板菜单按钮，在弹出的菜单中选择【导入画笔】命令。

扫一扫，看视频

❷ 在打开的【载入】对话框中，找到外挂画笔的存储位置，选中要载入的画笔库，然后单击【载入】按钮。

❸ 在【画笔】面板的底部可以看到刚载入的画笔库，接着就可以选择载入的画笔进行绘制了。

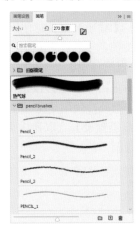

4.3.4　将笔刷导出为画笔库文件

在 Photoshop 中，用户可以将一些常用的笔刷进行保存。

❶ 在【画笔】面板中，选中需要保存的笔刷，单击面板菜单按钮，在弹出的菜单中选择【导出选中的画笔】命令。

❷ 在打开的【另存为】对话框中，选择保存位置，设置文件名称，单击【保存】按钮。在存储的位置即可看到刚保存的笔刷。

4.4 【历史记录画笔】工具组

【历史记录画笔】工具组中有两个工具：【历史记录画笔】工具和【历史记录艺术画笔】工具。这两个工具以【历史记录】面板中标记的步骤作为【源】，然后在画面中进行绘制。绘制出的部分会呈现标记的历史记录的状态。【历史记录画笔】工具会完全真实地呈现历史效果，而【历史记录艺术画笔】工具则会将历史效果进行一定的艺术化，从而呈现一种非常有趣的艺术绘画效果。

4.4.1 【历史记录画笔】工具

【历史记录画笔】工具以【历史记录】面板中的操作步骤作为【源】，可以将图像恢复到编辑过程中的某一步骤状态，或将部分图像恢复为原样。

扫一扫，看视频

❶ 打开一个图像文件，并按 Ctrl+J 快捷键复制【背景】图层。

❷ 选择【图像】|【调整】|【去色】命令，并打开【历史记录】面板。

❸ 编辑图像后，想要将部分内容恢复到哪一个操作阶段的效果，就在【历史记录】面板中该操作步骤前单击，所选步骤前会显示【设置历史记录画笔的源】图标 。

❹ 选择【历史记录画笔】工具，在选项栏中设置画笔样式为【柔边圆】400 像素，设置【不透明度】数值为 50%，然后使用【历史记录画笔】工具在图像中涂抹，涂抹部分即可将其恢复到选中的历史记录状态。

4.4.2 【历史记录艺术画笔】工具

　　【历史记录艺术画笔】工具与【历史记录画笔】工具的使用方法相似，用【历史记录艺术画笔】工具恢复图像时将产生一定的艺术笔触。单击【历史记录艺术画笔】工具，在选项栏中可以设置相关选项。

- 【样式】下拉列表：在该下拉列表中可选择描绘的类型。
- 【区域】数值框：用于设置【历史记录艺术画笔】描绘的范围。
- 【容差】数值框：用于设置【历史记录艺术画笔】工具所描绘的颜色与所恢复颜色之间的差异程度。输入的数值越小，图像恢复的精确度越高。

举一反三 制作艺术字海报

文件路径：第 4 章 \ 制作艺术字海报
难易程度：★★★☆☆
技术掌握：定义画笔、【画笔设置】面板

扫一扫，看视频

案例效果：

第 5 章
矢量绘图应用

本章内容简介

　　绘图是 Photoshop 的一项重要功能。除了使用【画笔】工具进行绘图外，矢量绘图也是一种常用的绘图方式。Photoshop 中有两大类可以用于绘图的矢量工具：【钢笔】工具和形状工具。【钢笔】工具用于绘制不规则的形状，而形状工具则用于绘制各种规则的几何图形，如矩形、椭圆形、多边形等。本章主要针对钢笔绘图及形状绘图的方式进行讲解。

本章重点内容

- 掌握不同类型的绘制模式
- 熟练掌握使用【钢笔】工具绘制形状
- 熟练掌握使用形状工具绘制图形
- 熟练掌握路径的编辑操作

练一练 & 举一反三详解

5.1 矢量绘图概述

矢量绘图是一种比较特殊的绘图模式。与使用【画笔】工具绘图不同,【画笔】工具绘制的是像素内容,而使用【钢笔】工具或形状工具绘制的矢量图形是一种质量不受画面尺寸影响的对象。因此,矢量绘图常用于标志设计、户外广告、UI 设计、插画设计、VI 设计、服装效果图绘制等。Photoshop 的矢量绘图工具包括【钢笔】工具和形状工具。【钢笔】工具主要用于绘制不规则的图形,而形状工具则是通过选取内置的图形样式绘制规则的图形。

5.1.1 认识矢量图

矢量图也称为向量图,它以数学式的方法记录图像的内容。其记录的内容以线条和色块为主,由于记录的内容比较少,不需要记录每一个点的颜色和位置等,因此它的文件容量比较小,这类图像很容易进行放大,旋转等操作,且不易失真,精确度较高,所以在一些专业的图形绘制软件中应用较多。但同时,正是由于上述原因,这种图像类型不适于制作一些色彩变化较大的图像,且由于不同软件的存储方法不同,在不同软件之间的转换也有一定的困难。

5.1.2 路径与锚点

矢量图形是由路径构成的图形,而路径由贝塞尔曲线构成。贝塞尔曲线则是由锚点、线段、方向线与方向点组成的线段。与其他矢量图形软件相比,Photoshop 中的路径是不可打印的矢量形状,主要用于勾画图像区域的轮廓。用户可以对路径进行填充和描边,还可以将路径转换为选区。

- 线段:两个锚点之间连接的部分称为线段。如果线段两端的锚点都是角点,则线段为直线;如果任意一端的锚点是平滑点,则该线段为曲线段。当改变锚点属性时,通过该锚点的线段也会受到影响。

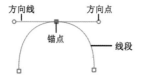
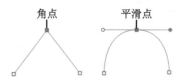

- 锚点:锚点又称为节点。绘制路径时,线段与线段之间由锚点连接。当锚点显示为白色空心时,表示该锚点未被选择;而当锚点显示为黑色实心时,表示该锚点为当前选择的点。
- 方向线:当用【直接选择】工具或【转换点】工具选择带有曲线属性的锚点时,锚点两侧会出现方向线。拖动方向线末端的方向点,可以改变曲线段的弯曲程度。

5.1.3 矢量绘图的几种模式

Photoshop 中的【钢笔】工具和形状工具可以创建不同类型的对象,包括形状、工作路径和填充像素。选择一个绘制工具后,需要先在工具选项栏中选择绘图模式,包括【形状】【路径】和【像素】3 种模式,然后才能进行绘图。

1. 使用【形状】模式绘图

在选择【钢笔】工具或形状工具后，在工具选项栏中设置绘制模式为【形状】，可以创建单独的形状图层，并可以设置填充、描边类型。

单击【设置形状填充类型】按钮，可以在弹出的下拉面板中选择【无填充】【纯色】【渐变】或【图案】类型。

 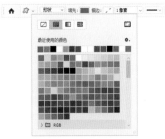

在【描边】按钮右侧的数值框中，可以设置形状的描边宽度。单击【设置形状描边类型】按钮，在弹出的下拉面板中可以选择预设的描边类型，还可以对描边的对齐方式、端点及角点类型进行设置。单击【更多选项】按钮，可以在弹出的【描边】对话框中创建新的描边类型。

提示：如何设置虚线效果

在【描边】对话框中，可以对虚线的长度和间距进行设定。选中【虚线】复选框，可激活下方3组【虚线】和【间隙】选项，它们每一组代表了一个虚线基本单元，虚线的线条由基本单元重复排列而成。当在第一组选项中输入数值时，可以得到最基本的、规则排列的虚线。如果继续输入第2组数字，并以此重复，此时的虚线会出现有规律的变化；如果输入第3组数字，则虚线的单元结构和变化更加复杂。

2. 使用【路径】模式绘图

在工具选项栏中设置绘制模式为【路径】，可以创建工作路径。工作路径不会出现在【图层】面板中，只出现在【路径】面板中。

路径绘制完成后，可以在工具选项栏中通过单击【选区】【蒙版】【形状】按钮快速地将路径转换为选区、蒙版或形状。单击【选区】按钮，可以打开【建立选区】对话框，在该对话框中可以设置选区效果；单击【蒙版】按钮，可以依据路径创建矢量蒙版；单击【形状】按钮，可将路径转换为形状图层。

3. 使用【像素】模式绘图

在工具选项栏中设置绘制模式为【像素】，可以以当前前景色在所选图层中进行绘制。在工具选项栏中可以设置合适的混合模式与不透明度。

5.2 使用形状工具组

在 Photoshop 中，提供了【矩形】工具、【椭圆】工具、【三角形】工具、【多边形】工具、【直线】工具和【自定形状】工具 6 种基本形状绘制工具。

5.2.1 【矩形】工具

【矩形】工具用来绘制矩形或圆角矩形。

❶ 在工具面板中选择【矩形】工具。在工具选项栏中可以设置绘图模式以及填充、描边等属性；单击工具 ✿ 按钮，打开下拉面板，在该下拉面板中可以设置创建矩形的方法。

- 【方形】单选按钮：选择该单选按钮，会创建正方形图形。
- 【固定大小】单选按钮：选择该单选按钮，会按该选项右侧的 W 与 H 文本框设置的宽高尺寸创建矩形图形。
- 【比例】单选按钮：选择该单选按钮，会按该选项右侧的 W 与 H 文本框设置的宽高比例创建矩形图形。
- 【从中心】复选框：选中该复选框后，创建矩形时，鼠标在画面中的单击点即为矩形的中心，拖动鼠标创建矩形对象时将由中心向外扩展。

❷ 设置完成后，在画板中单击并拖动鼠标即可创建矩形。按住 Shift 键并拖动鼠标则可以创建正方形；按住 Alt 键并拖动鼠标会以单击点为中心向外创建矩形；按住 Shift+Alt 组合键会以单击点为中心向外创建正方形。

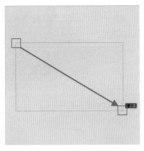  

❸ 如果想要得到精确尺寸的矩形，可以在选择【矩形】工具后，在画面中单击，然后会弹出用于设置精确选项数值的【创建矩形】对话框，参数设置完毕后，单击【确定】按钮，即可得到精确尺寸的矩形。

 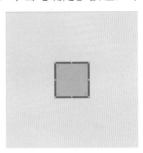

提示：如何绘制圆角矩形

使用【矩形】工具还可以绘制带有圆角的矩形图形。选择【矩形】工具，在选项栏中设置【设置圆角的半径】的数值后，在画面中拖动即可绘制圆角矩形；或者选择【矩形】工具后，在画面中单击，在弹出的【创建矩形】对话框中设置【半径】数值。设置完成后，单击【确定】按钮也可以创建圆角矩形。

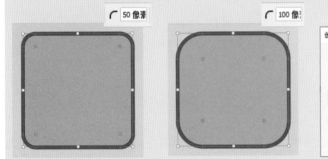  

5.2.2　【椭圆】工具

【椭圆】工具用于创建椭圆形和圆形的图形对象。
❶ 在工具面板中选择【椭圆】工具。该工具选项栏的设置及创建图形的操作方法与【矩形】工具基本相同，只是在其选项栏的【椭圆选项】下拉面板中少了【方形】单选按钮，而多了【圆 (绘制直径或半径)】单选按钮。选择此单选按钮，可以以设置直径或半径的方式创建圆形图形。

路径选项

粗细: 1 像素

颜色(C): 默...

○ 不受约束
○ 圆(绘制直径或半径)
○ 固定大小 W: H:
○ 比例   W: H:
□ 从中心

❷ 设置完成后，在画板中单击并拖动鼠标即可创建椭圆形；按住 Shift 键并拖动鼠标则可创建圆形。

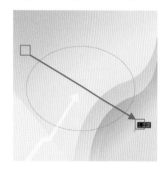
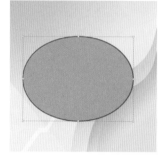
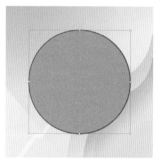

❸ 如果想要得到精确尺寸的椭圆形
或圆形，可以在选择【椭圆】工具
后，在画面中单击，然后会弹出用
于设置精确选项数值的【创建椭圆】
对话框，参数设置完毕后，单击【确
定】按钮，即可得到精确尺寸的图形。

创建椭圆   ✕

宽度: 800 像素   高度: 400 像素

☑ 从中心

确定   取消

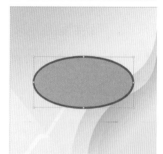

5.2.3 【三角形】工具

【三角形】工具用于创建三角形图形。

❶ 在工具面板中选择【三角形】工具。在工具选项栏中设置模式、填充、描边、宽、高、路径操作、路
径对齐、路径排列方式及其他形状和路径选项。

❷ 设置完成后，在画板中单击并拖动鼠标即可绘制三角形形状。按住 Shift 键并拖动鼠标可以创建等边
三角形。

❸ 如果要绘制圆角三角形，可以在选项栏中指定圆角半径；或使用【三角形】工具在画布中单击，在弹
出的【创建三角形】对话框中，选中【等边】和【从中心】复选框，并设置宽度、高度和圆角半径，然
后单击【确定】按钮。

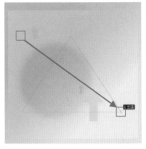   

❹ 如果要更改圆角半径，单击形状内的圆圈，然后向内拖动即可。

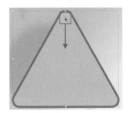  

练一练 制作登录界面

文件路径：第 5 章 \ 制作登录界面
难易程度：★★☆☆☆
技术掌握：【矩形】工具

扫一扫，看视频

案例效果：

练一练 制作吊牌效果

文件路径：第 5 章 \ 制作吊牌效果
难易程度：★★☆☆☆
技术掌握：【矩形】工具、【椭圆】工具

扫一扫，看视频

案例效果：

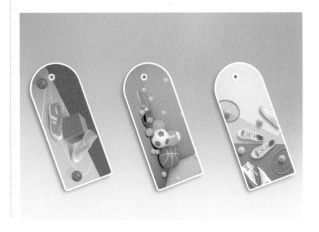

5.2.4 【多边形】工具

【多边形】工具用来绘制多边形和星形图形。

❶ 在工具面板中选择【多边形】工具。在工具选项栏中设置【设置边数 (或星形的顶点数)】。设置完成后，在画板中单击并拖动鼠标即可绘制多边形形状。

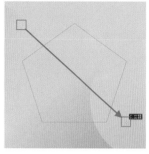  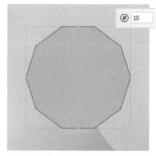

❷ 如果要绘制星形，单击选项栏中的 ✿ 按钮，在弹出的下拉面板中设置【星形比例】数值，再设置星形顶点数，即可在画板中绘制星形。

  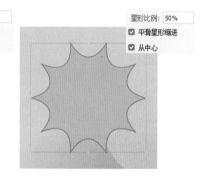

- 【星形比例】：调整星形比例的百分比，以生成完美的星形。
- 【平滑星形缩进】：选中此复选框，可在缩进星形边的同时使边缘圆滑。
- 【从中心】：选中此复选框，可以鼠标单击点为中心创建图形。

❸ 如果想要得到精确尺寸的多边形或星形，可以在选择【多边形】工具后，在画面中单击，会弹出用于设置精确选项数值的【创建多边形】对话框，参数设置完毕后，单击【确定】按钮，即可得到精确尺寸的图形。

5.2.5 【直线】工具

【直线】工具用来绘制直线和带箭头的直线。

❶ 选择【直线】工具，在选项栏的【粗细】文本框中输入数值，可设置创建直线的宽度。单击 ✿ 按钮，在弹出的下拉面板中可以设置箭头的形状大小。

- 【起点 / 终点】：选中【起点】复选框，可以在直线的起点处添加箭头；选中【终点】复选框，可以在直线的终点处添加箭头。
- 【宽度】：用来设置箭头宽度与直线宽度的百分比。
- 【长度】：用来设置箭头长度与直线宽度的百分比。
- 【凹度】：用来设置箭头的凹陷程度，范围为 -50%~50%。值为 0 时，箭头尾部平齐；值大于 0 时，箭头尾部向内凹陷；值小于 0 时，箭头尾部向外凸出。

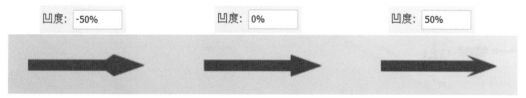

❷ 单击并拖动鼠标可以创建直线，按住 Shift 键可以创建水平、垂直或以 45°为增量的直线。

● 5.2.6　【自定形状】工具

除了常规的几何图形，Photoshop 还内置了多种图案形状可供用户直接使用。使用【自定形状】工具或【形状】面板可以创建预设的形状、自定义的形状或外部提供的形状。

❶ 选择【自定形状】工具，在工具选项栏中设置【绘图模式】为【形状】，设置合适的填充颜色，然后单击【形状】拾色器旁的 按钮，在打开的下拉面板中可以看到多个形状组，每个组中又包含多个形状。展开一个形状组，单击选择一个图案形状。

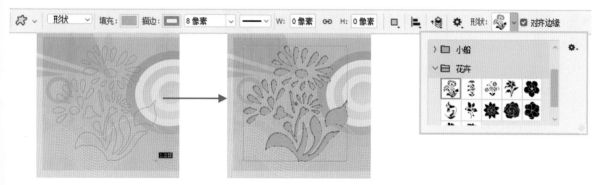

❷ 在画面中，按住鼠标左键并拖动鼠标即可绘制该图形。如果要保持形状的比例，可以按住 Shift 键绘制图形。如果要使用其他方法创建图形，可以单击选项栏中的 ✿ 按钮，在弹出的下拉面板中进行设置。

 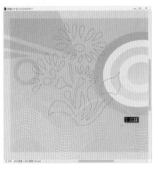 

❸ 选择【窗口】|【形状】命令，打开【形状】面板。在【形状】面板中，选中一个形状，然后按住鼠标左键并拖动鼠标即可绘制形状。

 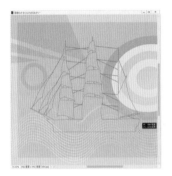 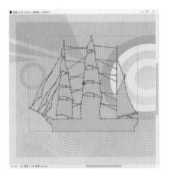

 提示：使用形状工具的小技巧

　　使用形状工具在文档窗口中单击并拖曳鼠标绘制出形状时，不要放开鼠标按键，同时按住空格键移动鼠标，可以移动形状；放开空格键继续拖曳鼠标，则可以调整形状大小。将这一操作连贯并重复运用，就可以动态调整形状的大小和位置。

❹ 除了这些形状外，用户还可以调用旧版形状。单击【形状】面板上的面板菜单按钮，在弹出的菜单中选择【旧版形状及其他】命令，随即【旧版形状及其他】形状组就会出现在列表的底部，展开其中的组即可看到多种形状。

❺ 另外，用户还可以调用外部的形状库文件。单击【形状】面板上的面板菜单按钮，在弹出的菜单中选择【导入形状】命令。在打开的【载入】对话框中，单击选择形状库文件，然后单击【载入】按钮，即可在【形状】面板中看到新导入的形状。

❻ 如果某个矢量图形比较常用，则可以将其定义为【自定形状】，以便于随时在【自定形状】工具或【形状】面板中使用。选择需要定义的路径或形状图层，选择【编辑】|【定义自定形状】命令，在打开的【形状名称】对话框中设置合适的名称，单击【确定】按钮完成定义操作。此时在【形状】面板中就能看到定义的形状。

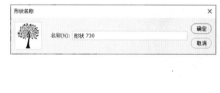

❼ 用户还可以将已有的形状导出为形状库文件。在【形状】面板中单击选择一个形状，单击【形状】面板上的面板菜单按钮，在弹出的菜单中选择【导出所选形状】命令。在打开的【另存为】对话框中找到合适的存储位置，设置合适的文件名称，单击【保存】按钮即可存储形状文件。

❽ 如果想要删除某个形状，则可以在【形状】面板中选中该形状，按住鼠标左键将其拖至【删除形状】按钮上，释放鼠标后即可删除所选形状。

练一练 制作 App 图标

| 文件路径：第 5 章 \ 制作 App 图标 |
| 难易程度：★★☆☆☆ |
| 技术掌握：绘制圆角矩形 |

扫一扫，看视频

案例效果：

举一反三 制作 CD 封套

| 文件路径：第 5 章 \ 制作 CD 封套 |
| 难易程度：★★★☆☆ |
| 技术掌握：绘制形状、编辑形状 |

扫一扫，看视频

案例效果：

5.3 绘制不规则路径

在 Photoshop 的矢量绘图中，除了可以使用形状工具绘制常见的几何图形外，还可以使用【钢笔】工具绘制不规则的图形。在使用【钢笔】工具进行绘图时，我们需要配合使用选择工具组工具。通常使用【钢笔】工具、【自由钢笔】工具和【弯度钢笔】工具绘制出形状或路径，然后使用其他工具进行细节的调整。

5.3.1 【钢笔】工具

【钢笔】工具是 Photoshop 中最为强大的绘制工具，它主要有两种用途：一是绘制矢量图形；二是用于选取对象。使用【钢笔】工具绘图使用的是【形状】模式，通过为其设置填充和描边颜色，即可绘制出带有色彩的图形。使用【钢笔】工具选取图像需要使用【路径】模式绘制路径，之后转换为选区并完成选取。

扫一扫，看视频

❶ 选择【钢笔】工具，在工具选项栏中设置绘制模式为【形状】。在选项栏中单击 ✿ 按钮，会打开【钢笔】设置选项下拉面板。在其中，如果选中【橡皮带】复选框，则可以在创建路径的过程中自动产生连接线段，而不用等到单击创建锚点后才在两个锚点间创建线段。

❷ 在图像上单击鼠标，绘制第一个锚点。接着在下一个位置单击，在两个锚点之间可以生成一段直线路径。继续以单击的方式进行绘制，可以绘制出折线路径。当鼠标回到初始锚点时，光标右下角出现一个小圆圈，这时单击鼠标即可闭合路径。

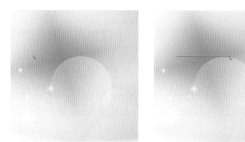

❸ 曲线路径由平滑的锚点组成。使用【钢笔】工具在画面中单击，创建出的是尖角的锚点。想要绘制平滑的锚点，需要在所需位置单击，并按住鼠标左键拖动显示方向线。此时调整方向线的角度，曲线的弧度也随之发生变化。绘制完成后，将【钢笔】工具光标移至起点处，光标右下角出现一个小圆圈，这时单击鼠标即可闭合路径。

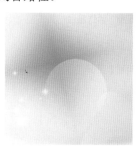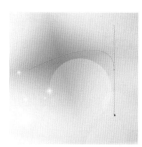

 提示：【钢笔】工具的使用技巧

　　在使用【钢笔】工具进行绘制的过程中，按住 Ctrl 键可以将其切换为【直接选择】工具，按住 Alt 键则可以将其切换为【转换点】工具。

5.3.2　【自由钢笔】工具

　　【自由钢笔】工具也是绘制路径或形状的工具，但并不适合绘制精确的路径或形状。使用【自由钢笔】工具绘图时，在画面中按住鼠标左键并随意拖动，光标经过的区域即可形成路径或形状。
　　在【自由钢笔】工具的选项栏中，选中【磁性的】复选框，可以将【自由钢笔】工具切换为【磁性钢笔】

工具。使用该工具可以像使用【磁性套索】工具一样，会沿着对象的边缘自动添加锚点，快速勾勒出对象的轮廓。在【自由钢笔】工具的选项栏中单击 ✿ 按钮，可以在弹出的【自由钢笔选项】下拉面板中进行设置。

- 🌓 【曲线拟合】：控制最终路径对鼠标或压感笔移动的灵敏度，该值越高，生成的锚点越少，路径也越简单。
- 🌓 【磁性的】：选中【磁性的】复选框，可激活下面的设置参数。【宽度】用于设置磁性钢笔工具的检测范围，该值越高，工具的检测范围就越广；【对比】用于设置工具对图像边缘的敏感度，如果图像边缘与背景的色调比较接近，可将该值设置得大些；【频率】用于确定锚点的密度，该值越高，锚点的密度越大。
- 🌓 【钢笔压力】：如果计算机配置有数位板，则可以选中【钢笔压力】复选框，然后根据用户使用光笔时在数位板上的压力大小来控制检测宽度，钢笔压力的增加会使工具的检测宽度减小。

练一练 制作网页广告		练一练 制作服装广告	
文件路径：第5章\制作网页广告		文件路径：第5章\制作服装广告	
难易程度：★★☆☆☆		难易程度：★☆☆☆☆	
技术掌握：绘制形状、编辑形状	扫一扫，看视频	技术掌握：【钢笔】工具	扫一扫，看视频

案例效果：

案例效果：

5.4　矢量对象的编辑操作

在进行矢量绘图时，最常用到的就是【路径】和【形状】这两种矢量对象。【形状】对象是单独的图层，其操作方式与图层操作基本相同；【路径】对象是一种非实体对象，不依附于图层，也不具有填色和描边等属性，它的操作方法有所不同，要想调整【路径】对象就需要特定的工具。

5.4.1　移动路径

如果绘制的是【形状】对象或【像素】对象，那么只需要选中该图层，然后使用【移动】工具进行移动即可。如果绘制的是【路径】对象，要想移动图形，可以选择【路径选择】工具，然后在路径上单击，即可选中该路径。按住鼠标左键并拖动，可以移动路径所处的位置。

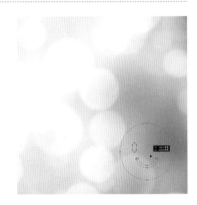

 提示：【路径选择】工具的使用技巧

如果要移动形状对象中的一个路径，也需要使用【路径选择】工具。按住 Shift 键的同时并单击，可以选择多个路径；按住 Ctrl 键并单击，可以将当前工具转换为【直接选择】工具。

5.4.2　路径操作

在使用【钢笔】工具或形状工具创建多个路径时，可以在选项栏中单击【路径操作】按钮，在弹出的下拉列表中选择【合并形状】【减去顶层形状】【与形状区域相交】或【排除重叠形状】选项，可以设置路径运算的方式，创建特殊效果的图形形状。

- 【合并形状】：该选项可以将新绘制的路径添加到原有路径中。
- 【减去顶层形状】：该选项将从原有路径中减去新绘制的路径。

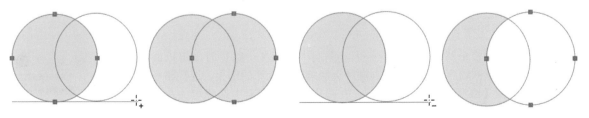

- 【与形状区域相交】：该选项得到的路径为新绘制的路径与原有路径的交叉区域。
- 【排除重叠形状】：该选项得到的路径为新绘制的路径与原有路径重叠区域以外的路径形状。

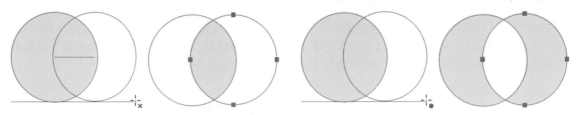

5.4.3　变换路径

在图像文件窗口中选择所需编辑的路径后，选择【编辑】|【自由变换路径】命令，或者选择【编辑】|【变换路径】命令的级联菜单中的相关命令，在图像文件窗口中显示定界框后，拖动定界框上的控制点即可对路径进行缩放、旋转、斜切和扭曲等变换操作。变换路径的方法与变换图像的方法相同。

使用【直接选择】工具选择路径的锚点，再选择【编辑】|【自由变换点】命令，或者选择【编辑】|【变换点】命令的子菜单中的相关命令，可以编辑图像文件窗口中显示的控制点，从而实现路径部分线段的形状变换。

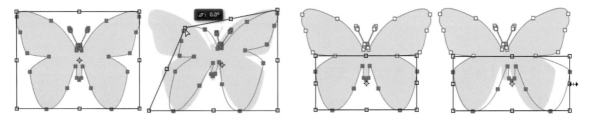

5.4.4　对齐、分布路径

在 Photoshop 中，可以对路径或形状中的路径进行对齐与分布操作。如果是形状中的路径，则需要所有路径在一个图层内。使用【路径选择】工具选择多个路径，然后单击选项栏中的【路径对齐方式】按钮，在弹出的下拉列表中可以对所选路径进行对齐、分布操作。路径的对齐与分布和图层的对齐与分布的使用方法是一样的。

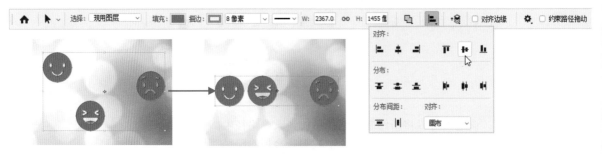

5.4.5　调整路径排列方式

当文档中包含多个路径，或者一个形状图层中包括多个路径时，可以调整这些路径的上下排列顺序，不同的排列顺序会影响路径运算的结果。选择路径，单击选项栏中的【路径排列方法】按钮，在弹出的下拉列表中选择相关命令，可以将选中的路径进行相应的排列。

5.4.6　填充路径

【路径】对象不能直接通过选项栏中的设置进行填充，但可以通过【填充路径】命令进行填充。在【路径】对象上右击，在弹出的快捷菜单中选择【填充路径】命令；或在【路径】面板菜单中选择【填充路径】命令；或按住 Alt 键并单击【路径】面板底部的【用前景色填充路径】按钮，打开【填充路径】对话框。在【填充路径】对话框中设置选项后，单击【确定】按钮即可使用指定的颜色和图案填充路径。

提示：如何设置填充路径

在【填充路径】对话框中，【内容】选项用于设置填充到路径中的内容对象，共有 9 种类型，分别是前景色、背景色、颜色、内容识别、图案、历史记录、黑色、50% 灰色和白色。【渲染】选项组用于设置应用填充的轮廓显示。用户可对轮廓的【羽化半径】参数进行设置，以平滑路径轮廓。如果使用颜色填充，先要设置好前景色。如果使用图案或历史记录的快照填充，还需要先将所需的图像定义成图案或创建历史记录的快照。

5.4.7　描边路径

在 Photoshop 中，用户可以为路径添加描边，创建丰富的边缘效果。创建路径后，单击【路径】面板中的【用画笔描边路径】按钮，可以使用【画笔】工具的当前设置对路径进行描边。用户还可以在面板菜单中选择【描边路径】命令，或按住 Alt 键并单击【用画笔描边路径】按钮，打开【描边路径】对话框。在其中可以选择画笔、铅笔、橡皮擦、背景橡皮擦、仿制图章、历史记录画笔、加深和减淡等工具描边路径。

扫一扫，看视频

❶ 打开一个图像文件，在【图层】面板中单击【创建新图层】按钮，新建【图层 1】图层。

❷ 在描边路径前，需要先设置好工具的参数。选择【画笔】工具，在选项栏中设置画笔样式为硬边圆 10 像素，并按 Shift+X 快捷键切换前景色和背景色。

❸ 选中【路径】面板，按住 Alt 键并单击【路径】面板中的【用画笔描边路径】按钮，打开【描边路径】对话框。在该对话框的【工具】下拉列表中选择【画笔】选项，并选中【模拟压力】复选框。选中【模拟压力】复选框，可以使描边的线条产生粗细变化。最后单击【确定】按钮，描边路径。

5.4.8　删除路径

　　要想删除图像文件中不需要的路径，可以通过【路径选择】工具选择该路径，然后直接按 Delete 键删除。要想删除整个路径图层中的路径，可以在【路径】面板中选择该路径图层，再将其拖至【删除当前路径】按钮上后释放鼠标，即可删除整个路径图层。用户也可以通过选择【路径】面板菜单中的【删除路径】命令删除路径。

第6章
图像细节修饰

本章内容简介

  图像细节修饰部分涉及的工具较多，可以分为两大类：【仿制图章】工具、【修补】工具、【污点修复画笔】工具、【修复画笔】工具等主要用于去除画面中的瑕疵；【模糊】工具、【锐化】工具、【涂抹】工具、【加深】工具、【减淡】工具、【海绵】工具则是用于图像局部的模糊、锐化、加深、减淡等美化操作。

本章重点内容

- 熟练掌握去除画面瑕疵的方法
- 熟练掌握对画面局部进行模糊、锐化、加深、减淡的方法

练一练 & 举一反三详解

6.1　瑕疵修复

修复图像是 Photoshop 最为强大的功能之一。使用修复功能不仅可以轻松去除人物面部的斑点、环境中杂乱的物体，甚至可以拼合图像。更重要的是，Photoshop 的修复工具使用方法非常简单。

6.1.1　【仿制图章】工具

使用【仿制图章】工具 ，可以将图像的一部分进行取样，然后将取样的图像应用到同一图像或其他图像的其他位置，该工具常用于复制对象或去除图像中的缺陷，如去除水印、消除人物脸部斑点和皱纹、去除背景部分不相干的杂物、填补图像等。

❶ 打开一个图像文件，单击【图层】面板中的【创建新图层】按钮，创建新图层。

❷【仿制图章】工具可以使用任意的画笔笔尖，以更加准确地控制仿制区域的大小；还可以通过设置不透明度和流量来控制对仿制区域应用绘制的方式。选择【仿制图章】工具，在选项栏中设置一种画笔样式。

❸ 在【样本】下拉列表中选择【所有图层】选项。选中【对齐】复选框，可以对图像画面连续取样，而不会丢失当前设置的参考点位置，即使释放鼠标后也是如此；取消选中该复选框，则会在每次停止并重新开始仿制时，使用最初设置的参考点位置。

❹ 按住 Alt 键在要修复部位附近单击设置取样点，然后在要修复的部位进行拖动和涂抹。释放 Alt 键，在图像中拖动即可仿制图像。在修图过程中，用户需要不断进行重新取样，同时还需要根据画面内容设置新的画笔样式，这样才能更好地保证画面效果。

提示：使用【仿制图章】工具在不同图像间复制

　　【仿制图章】工具并不限定在同一个图像中进行操作，也可以把某个图像的局部内容复制到另一个图像之中。在进行不同图像之间的复制时，可以将两个图像并排排列在 Photoshop 窗口中，以便对照源图像的复制位置及目标图像的复制结果。

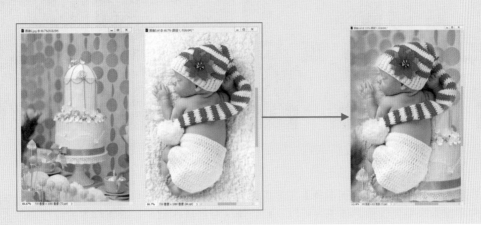

6.1.2　【污点修复画笔】工具

　　使用【污点修复画笔】工具 可以快速去除画面中的污点、划痕等图像中不理想的部分。【污点修复画笔】工具的工作原理是从图像或图案中提取样本像素来涂改需要修复的地方，使需要修复的地方与样本像素在纹理、亮度和不透明度上保持一致，从而达到使用样本像素遮盖需要修复的地方的目的。使用【污点修复画笔】工具不需要进行取样定义样本，只需确定需要修补图像的位置，然后在需要修补的位置单击并拖动鼠标，释放鼠标即可修复图像中的污点。

扫一扫，看视频

❶ 打开一个图像文件，在【图层】面板中单击【创建新图层】按钮，新建【图层 1】图层。

❷ 选择【污点修复画笔】工具，在选项栏中设置合适的画笔样式，单击【类型】选项中的【内容识别】按钮，并选中【对所有图层取样】复选框。

● 【模式】：用来设置修复图像时使用的混合模式。除【正常】【正片叠底】等常用模式外，还有一个【替换】模式，这个模式可以保留画笔描边的边缘处的杂色、胶片颗粒和纹理。

● 【类型】：用来设置修复方法。单击【内容识别】按钮，会自动使用相似部分的像素对图像进行修复，同时进行完整匹配；单击【创建纹理】按钮，将使用选区中的所有像素创建一个用于修复该区域的纹理；单击【近似匹配】按钮，将使用选区边缘周围的像素来修复选定区域的图像。

❸ 使用【污点修复画笔】工具直接在图像中需要去除污点的地方进行涂抹，就能立即修掉图像中不理想的部分；若修复点较大，可在选项栏中调整画笔大小再进行涂抹。

6.1.3　【修复画笔】工具

　　【修复画笔】工具 ✐ 与【仿制图章】工具的使用方法基本相同，可以利用图像或图案中提取的样本像素来修复图像。该工具可以从被修饰区域的周围取样，并将样本的纹理、光照、不透明度和阴影等与所修复的像素进行匹配，从而去除照片中的污点和划痕。

扫一扫，看视频

❶ 打开一个图像文件，单击【图层】面板中的【创建新图层】按钮，创建新图层。

❷ 选择【修复画笔】工具，首先在选项栏中设置合适的画笔样式，然后在【模式】下拉列表中选择【替换】选项，在【源】选项中单击【取样】按钮，并选中【对齐】复选框，在【样本】下拉列表中选择【所有图层】。

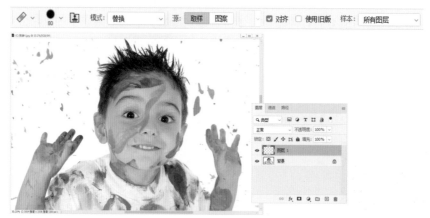

◆ 【源】：设置用于修复像素的源。单击【取样】按钮，使用【修复画笔】工具对图像进行修复时，以图像区域中某处颜色作为基点；单击【图案】按钮，可在其右侧的拾取器中选择已有的图案用于修复。

◆ 【对齐】：选中该复选框，可以连续对像素进行取样，即使释放鼠标也不会丢失当前的取样点；取消选中该复选框，则会在每次停止并重新开始绘制时使用初始取样点中的样本像素。

◆ 【样本】：用来设置在指定的图层中进行数据取样。选择【当前和下方图层】，可从当前图层及下方的可见图层中取样；选择【当前图层】，表示仅从当前图层中取样；选择【所有图层】，可以从所有的可见图层中取样。

❸ 按住 Alt 键在图像中单击设置取样点，然后释放 Alt 键，在图像中涂抹即可遮盖图像区域。

练一练　　去除人物面部瑕疵

| 文件路径：第 6 章 \ 去除人物面部瑕疵 |
| 难易程度：★☆☆☆☆ |
| 技术掌握：【修复画笔】工具 |

扫一扫，看视频

案例效果：

6.1.4　【修补】工具

【修补】工具可以使用图像中其他区域或图案中的像素来修复选中的区域。【修补】工具会将样本像素的纹理、光照和阴影与源像素进行匹配。使用该工具时，用户既可以直接使用已经制作好的选区，也可以利用该工具制作选区。使用【修补】工具同样可以保持被修复区域的明暗度与周围相邻像素相近，通常用于修补范围较大、不太细致的修复区域。

扫一扫，看视频

❶ 打开一个图像文件，并按 Ctrl+J 快捷键复制【背景】图层。

❷ 选择【修补】工具，在选项栏中将【修补】设置为【正常】，单击【源】按钮，然后将光标放在画面中单击并拖动鼠标创建选区。将【修补】设置为【正常】时，还可以选择图案进行修补。设置【修补】为【正常】后，单击图案后的按钮，在弹出的下拉面板中选择一个图案，单击【使用图案】按钮，随即选区中就将以图案进行修补。

● 【源】：单击【源】按钮，将选区拖至要修补的区域，释放鼠标后，该区域的图像会修补原来的选区。

● 【目标】：单击【目标】按钮，将选区拖至其他区域时，可以将原区域内的图像复制到该区域。

● 【透明】：选中该复选框后，可以使修补的图像与原始图像产生透明的叠加效果，该选项适用于修补具有清晰、分明的纯色背景或渐变背景。

❸ 将光标移至选区内，向周围区域拖动，将周围区域图像复制到选区内遮盖原图像。修复完成后，按Ctrl+D 快捷键取消选区。

 提示：【修补】工具的使用技巧

　　用户使用选框工具、【魔棒】工具或套索工具等创建选区后，也可以用【修补】工具拖动选中的图像进行修补、复制。如果要进行复制，选择【修补】工具后，在选项栏中将【修补】设置为【正常】，单击【目标】按钮，然后将光标放在画面中要复制的区域单击并拖动鼠标创建选区。将光标移至选区内，向周围区域拖动，即可将选区内的图像复制到所需位置。

❹ 在选项栏中设置【修补】为【内容识别】，可以合成附近的内容，将选区内的图像与周围的内容无缝混合。

- 【结构】：输入 1 和 7 之间的值，以指定修补在反映现有图像图案时应达到的近似程度。如果输入 7，则修补内容将严格遵循现有图像的图案。如果输入 1，则修补内容将不必严格遵循现有图像的图案。
- 【颜色】：输入 0 和 10 之间的值，以指定 Photoshop 在多大程度上对修补内容应用算法颜色混合。如果输入 0，则将禁用颜色混合。如果输入 10，则将应用最大颜色混合。

6.1.5　【内容感知移动】工具

使用【内容感知移动】工具可以让用户快速重组影像，而不需要通过复杂的图层操作或精确的选取动作。在选择该工具后，选择选项栏中的延伸模式可以栩栩如生地收缩图像；选择移动模式可以将图像对象置入完全不同的位置 (背景保持相似时最为有效)。

扫一扫，看视频

① 打开一个图像文件，并按 Ctrl+J 快捷键复制【背景】图层。

② 选择【内容感知移动】工具后，在选项栏中设置【模式】为【移动】或【延伸】，设置【模式】为【移动】、【结构】数值为 3、【颜色】数值为 5，选中【对所有图层取样】复选框和【投影时变换】复选框，然后使用该工具在图像中圈选需要移动的部分图像。

③ 将鼠标光标放置在选区内，按住鼠标左键并拖动选区内的图像。将选区内的图像移至所需位置，释放鼠标左键，显示定界框。将光标放置在定界框上，调整定界框大小。调整结束后，在选项栏中单击【提交变换】按钮或按 Enter 键应用移动，并按 Ctrl+D 快捷键取消选区。

6.1.6 【红眼】工具

在拍摄室内和夜景照片时，常常会出现照片中人物眼睛发红的现象，这就是通常说的红眼现象。这是由于拍摄环境的光线和摄影角度不当，而导致相机不能正确识别人眼颜色。

使用 Photoshop 中的【红眼】工具，可移去用闪光灯拍摄的人像或动物照片中的红眼，也可以移去用闪光灯拍摄的动物照片中的白色或绿色反光。

❶ 打开一个图像文件，按 Ctrl+J 快捷键复制【背景】图层。

❷ 选择【红眼】工具后，在图像文件中红眼的部位单击即可。如果对修正效果不满意，可还原修正操作，在其选项栏中，重新设置【瞳孔大小】数值，增大或减小受红眼工具影响的区域。【变暗量】用于设置校正的暗度。选择【红眼】工具，在选项栏中设置【瞳孔大小】为80%、【变暗量】为50%。

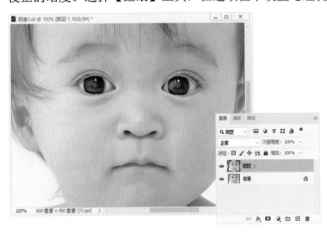 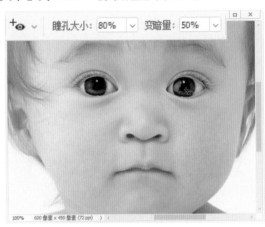

6.1.7 内容识别填充

【填充】命令中有一种内容填充方式为【内容识别】，这是一种非常智能的填充方式，它能够通过感知该区域周围的内容进行填充，填充的结果自然、真实。

❶ 打开一个图像文件，按 Ctrl+J 快捷键复制【背景】图层。在需要填充的位置绘制一个选区，选区不用非常精确。

❷ 选择【编辑】|【填充】命令，或按 Shift+F5 快捷键，打开【填充】对话框。在该对话框中，设置【内容】为【内容识别】，选中【颜色适应】复选框，让选区边缘的颜色融合得更加自然。设置完成后，单击【确定】按钮。选区中的内容被自动去除，填充为周围相似的内容。在选中图层为【背景】图层的情况下，按 Delete 键可以直接打开【填充】对话框。

❸ 如果对填充效果不满意，可以重新创建选区，再次使用【填充】命令中的【内容识别】填充方式。

6.1.8　使用【消失点】命令

　　【消失点】滤镜的作用就是帮助用户对含有透视平面的图像进行透视调节和编辑。使用【消失点】命

令，先选定图像中的平面，在透视平面的指导下，运用绘画、复制或粘贴以及变换等编辑工具对图像中的内容进行修饰、添加或移动，使其最终效果更加逼真。选择【滤镜】|【消失点】命令，或按Alt+Ctrl+V快捷键，可以打开【消失点】对话框。对话框左侧是该滤镜的使用工具，中间是预览和操作窗口，顶部是参数设置区。

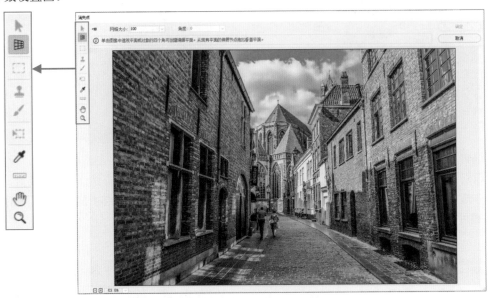

- 🔵 【编辑平面】工具：用于选择、编辑、移动平面并调整平面大小。
- 🔵 【创建平面】工具：用于定义平面的 4 个角节点，同时调整平面的大小和形状。在操作过程中按住 Ctrl 键，可以拖移某个边节点拉出一个垂直平面。
- 🔵 【选框】工具：在平面中单击并拖移，可选择该平面中的区域。在操作过程中，按住 Alt 键，可以拖移选区并拉出选区的一个副本；按住 Ctrl 键，可以拖移选区并使用源图像填充选区。
- 🔵 【图章】工具：用于在图像中进行仿制操作。在平面中按住 Alt 键并单击可设置仿制源点，然后单击并拖移来绘画或仿制。
- 🔵 【画笔】工具：用于在图像上绘制选定颜色。在该工具选项栏中，可以为画笔设置直径、硬度、不透明度等所需参数数值。
- 🔵 【吸管】工具：使用该工具在预览区域中单击，可以选择用于绘画的颜色。
- 🔵 【测量】工具：用于测量两点间的距离。

🏷 **练一练**　　拼合透视图像

文件路径：第 6 章 \ 拼合透视图像	
难易程度：★★☆☆☆	 扫一扫，看视频
技术掌握：【消失点】命令	

案例效果：

6.2 图像简单修饰

在 Photoshop 中，有两组可用于图像局部修饰的工具，从工具名称上就能看出对应的功能。使用【模糊】【锐化】和【涂抹】工具可以对图像进行模糊、锐化和涂抹处理；使用【减淡】【加深】和【海绵】工具可以对图像局部的明暗、饱和度等进行处理。

6.2.1 【模糊】工具

【模糊】工具 ○.的作用是减少图像画面中相邻像素之间的反差，使边缘的区域变柔和，从而产生模糊效果，还可以柔化、模糊局部的图像。

❶ 打开一个图像文件，按 Ctrl+J 快捷键复制【背景】图层。选择【模糊】工具，在选项栏中可以设置该工具的【模式】和【强度】。

扫一扫，看视频

❷ 使用【模糊】工具时，如果反复涂抹图像上的同一区域，会使该区域变得更加模糊不清。

- 【模式】下拉列表：用于设置画笔的模糊模式，包括【正常】【变暗】【变亮】【色相】【饱和度】【颜色】和【明度】。如果仅需要使画面局部模糊，那么选择【正常】即可。
- 【强度】数值框：用于设置图像处理的模糊程度，参数数值越大，模糊效果越明显。
- 【对所有图层取样】复选框：选中该复选框，模糊处理可以对所有的图层中的图像进行操作；取消选中该复选框，模糊处理只能对当前图层中的图像进行操作。

6.2.2 【锐化】工具

【锐化】工具 △.可以通过增强图像中相邻像素之间的颜色对比来提高图像的清晰度。【锐化】工具与【模糊】工具的大部分选项相同，操作方法也相同。

选择【锐化】工具，在选项栏中设置【模式】与【强度】，并选中【保护细节】复选框后，再进行锐化处理时，将对图像的细节进行保护。涂抹的次数越多，锐化效果越强烈。如果反复涂抹同一区域，会产生噪点和晕影。【模糊】工具和【锐化】工具适合处理小范围内的图像细节。如要对整幅图像进行处理，可以使用模糊和锐化滤镜。

扫一扫，看视频

● 6.2.3 【涂抹】工具

【涂抹】工具 ⊿.用于模拟用手指涂抹油墨的效果,以【涂抹】工具在颜色的交界处作用,会有一种相邻颜色互相挤入而产生的模糊感。【涂抹】工具不能在【位图】和【索引颜色】模式的图像中使用。【涂抹】工具适合扭曲小范围内的图像,图像太大不容易控制,并且处理速度较慢。如果要处理大面积的图像,可以使用【液化】滤镜。

❶ 选择【涂抹】工具,其选项栏与【模糊】工具选项栏相似,设置合适的【模式】和【强度】,通过【强度】来控制手指作用在画面上的力度。默认的【强度】为50%,【强度】数值越大,手指拖出的线条就越长,反之则越短。如果将【强度】设置为100%,则可以拖出无限长的线条来,直至释放鼠标。

❷ 接着在需要变形的位置按住鼠标左键并拖动进行涂抹,光标经过的位置,图像会发生变形。若在选项栏中选中【手指绘图】复选框,可以使用前景色进行涂抹。

● 6.2.4 【减淡】工具

【减淡】工具 ♪.通过提高图像的曝光度来提高图像的亮度,使用时在图像需要亮化的区域反复拖动即可亮化图像。

❶ 选择【减淡】工具,在选项栏的【范围】下拉列表中,选择【阴影】选项表示仅对图像的暗色调区域进行亮化;选择【中间调】选项表示仅对图像的中间色调区域进行亮化;选择【高光】选项表示仅对图像的亮色调区域进行亮化。【曝光度】选项用于设定曝光强度。用户可以直接在数值框中输入数值,或单击右侧的 ▸ 按钮,在弹出的滑动条上拖动滑块来调整曝光强度。

扫一扫,看视频

138

如果选中【保护色调】复选框，可以保护图像的色调不受影响。

❷ 设置完成后，调整合适的笔尖，在画面中按住鼠标左键进行涂抹，光标经过的位置亮度会有所提高。在某个区域涂抹的次数越多，该区域就会变得越亮。

6.2.5　【加深】工具

与【减淡】工具相反，【加深】工具 用于降低图像的曝光度，通常用来加深图像的阴影或对图像中有高光的部分进行暗化处理。【加深】工具的选项栏与【减淡】工具的选项栏的内容基本相同，但使用它们产生的图像效果刚好相反。

扫一扫，看视频

❶ 打开一个图像文件，并按 Ctrl+J 快捷键复制【背景】图层。

❷ 选择【加深】工具，在选项栏中设置柔边圆画笔样式，单击【范围】下拉按钮，从弹出的下拉列表中选择【中间调】选项，设置【曝光度】数值为 30%，然后使用【加深】工具在图像中进行拖动以加深颜色。

6.2.6　【海绵】工具

使用【海绵】工具 可以精确地修改颜色的饱和度。如果图像是灰度模式，该工具可以通过使灰阶远离或靠近中间灰色来增加或降低对比度。

【海绵】工具选项栏的【模式】下拉列表中包含【去色】和【加色】两个选项。选择【去色】选项，可以降低图像颜色的饱和度；选择【加色】选项，可以增加图像颜色的饱和度。

扫一扫，看视频

【流量】数值框用于设置修改强度，该值越大，修改效果越明显。若选中【自然饱和度】复选框，可以在进行增加饱和度操作时，避免颜色过于饱和而出现溢色。如果要将颜色变为黑白，那么需要取消选中该复选框。

 练一练　　减淡肤色

| 文件路径：第6章\减淡肤色 |
| 难易程度：★★☆☆☆ |
| 技术掌握：调整命令、【减淡】工具 |

扫一扫，看视频

案例效果：

 练一练　　图像局部去色

| 文件路径：第6章\图像局部去色 |
| 难易程度：★☆☆☆☆ |
| 技术掌握：【海绵】工具 |

扫一扫，看视频

案例效果：

 练一练　　美白人物牙齿

| 文件路径：第6章\美白人物牙齿 |
| 难易程度：★★☆☆☆ |
| 技术掌握：【海绵】工具、【减淡】工具 |

扫一扫，看视频

案例效果：

6.2.7　【颜色替换】工具

【颜色替换】工具 ✐ 可以简化图像中特定颜色的替换，并使用校正颜色在目标颜色上绘画。该工具可以设置颜色取样的方式和替换颜色的范围。【颜色替换】工具不适用于【位图】【索引】或【多通道】颜色模式的图像。

扫一扫，看视频

❶ 更改颜色之前首先需要设置合适的前景色。选择【颜色替换】工具，在选项栏中设置合适的画笔样式，在不设置其他参数的情况下，按住鼠标左键并拖动进行涂抹。这样光标经过的位置的颜色发生了变化。

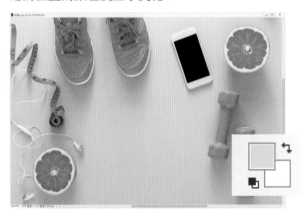
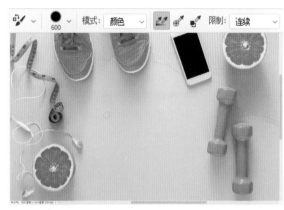

- 🥧 【取样：连续】按钮 ✐：可以在拖动时连续对颜色取样。
- 🥧 【取样：一次】按钮 ✐：可以只替换包含第一次单击的颜色区域中的目标颜色。
- 🥧 【取样：背景色板】按钮 ✐：可以只替换包含当前背景色的区域。
- 🥧 【限制】下拉列表：在此下拉列表中，【不连续】选项用于替换出现在光标指针下任何位置的颜色样本；【连续】选项用于替换与紧挨在光标指针下的颜色邻近的颜色；【查找边缘】选项用于替换包含样本颜色的连续区域，同时更好地保留形状边缘的锐化程度。

❷ 选项栏中的【容差】数值对替换效果影响非常大。容差值控制着可替换的颜色区域的大小，容差值越大，可替换的颜色范围越大。

在选项栏的【模式】下拉列表中可选择前景色与原始图像相混合的模式，其中包括【色相】【饱和度】【颜色】和【明度】。默认选项为【颜色】，表示可以同时替换色相、饱和度和明度。

(a) 色相	(b) 饱和度	(c) 颜色	(d) 明度

练一练 更改局部颜色

案例效果：

| 文件路径：第6章\更改局部颜色 |
| 难易程度：★☆☆☆☆ |
| 技术掌握：【颜色替换】工具 |

扫一扫，看视频

6.2.8 【混合器画笔】工具

　　【混合器画笔】工具与 Painter 的真实笔刷效果相似。它以画笔和颜料的物理特性为基础，能够实现较为强烈的真实感，其中包括墨水流量、笔刷形状及混合效果等设置。打开一个图像文件，选择【混合器画笔】工具，在选项栏中设置合适的画笔样式，单击预设按钮，在其下拉列表中有 12 种预设方式，随便选择一种，然后在画面中按住鼠标左键进行涂抹。

- 【自动载入】：启用【自动载入】选项，能够以前景色进行混合。
- 【清理】：启用【清理】选项，可以清理油彩。
- 【潮湿】：控制画笔从画布拾取的油彩量。较高的设置会产生较长的绘画痕迹。
- 【载入】：指定储槽中载入的油彩量。载入速率较低时，绘画描边干燥的速度会更快。
- 【混合】：控制画布油彩量与储槽油彩量的比例。当混合比例为 100% 时，所有油彩将从画布中拾取；当混合比例为 0% 时，所有油彩都来自储槽。

- 【流量】：控制混合画笔的流量大小。
- 【对所有图层取样】：拾取所有可见图层中的画布颜色。

第7章
抠图与合成技术

本章内容简介

抠图是设计作品时的常用操作。本章将详细讲解几种比较常见的抠图技法，包括基于颜色差异进行抠图、使用钢笔工具进行精确抠图、使用通道抠出特殊对象等。不同的抠图技法适用于不同的图像，所以在进行实际抠图操作前，首先要判断使用哪种技法更合适。

本章重点内容

- 掌握不同抠图工具的使用方法
- 熟练掌握使用【钢笔】工具绘制路径并抠图
- 熟练掌握通道抠图
- 熟练掌握图层蒙版与剪贴蒙版的使用方法

练一练 & 举一反三详解

7.1 利用颜色差异抠图

　　大部分的合成作品及平面设计作品都需要很多元素，这些元素有的可以利用 Photoshop 提供的相应功能创建出来，有的则需要从其他图像中提取。这个提取的过程就需要用到抠图操作。抠图是图像处理中的常用术语，指的是将图像中主体物以外的部分去除，或者从图像中分离出部分元素。

7.1.1　自动识别主体

　　在使用【对象选择】工具、【快速选择】工具或【魔棒】工具时，单击选项栏中的【选择主体】按钮，或选择【选择】|【主体】命令，即可选择图像中最突出的主体。然后，使用其他选择工具可以进行选区调整。获取主体的选区，就可以将选区中的内容复制为独立图层；或者将选区反向选择，得到主体以外的选区，删除背景。这两种方式都可以实现抠图操作。

7.1.2　使用【对象选择】工具

　　【对象选择】工具可以通过识别画面主体与环境之间的颜色、虚实，从而获取主体的选区。

❶ 打开一个图像文件，选择【对象选择】工具，在选项栏中选中【对象查找程序】复选框后，将鼠标光标移至要选取的对象上时，会显示选取区域预览。

❷ 在选项栏中，设置【模式】为【矩形】，然后在画面中按住鼠标左键并拖动绘制矩形选区。释放鼠标后，即可自动识别绘制区域图形的选区。

❸ 如果要获取的对象边缘不规则，也可以在选项栏中设置【模式】为【套索】，然后在需要得到的选区的图形边缘按住鼠标左键并拖动绘制选区。释放鼠标后，即可得到图形的选区。

7.1.3 使用【快速选择】工具

【快速选择】工具 ，能够自动查找颜色接近的区域并创建选区。对于图像主体与背景相差较大的图像，可以使用【快速选择】工具快速创建选区，并且在扩大颜色范围、连续选取时，其自由操作性相当高。

扫一扫，看视频

❶ 打开一个图像文件，按 Ctrl+J 快捷键复制【背景】图层。选择【快速选择】工具，在选项栏中单击【选择主体】按钮，快速查找画面中的主体。

❷ 在选项栏中，单击【添加到选区】按钮，设置合适的绘图模式及画笔大小，然后在画面中按住鼠标左键并拖动，即可自动创建与光标移动过的位置颜色相似的选区。在创建选区时，按键盘上的] 键可以增大画笔笔尖的大小；按 [键可以减小画笔笔尖的大小。

　　◔ 选区选项：选区选项包括【新选区】 、【添加到选区】 和【从选区减去】 3 个选项按钮。
　　◔ 【画笔】选项：通过单击画笔缩览图或者其右侧的下拉按钮打开画笔选项面板。在画笔选项面板中可以设置直径、硬度、间距、角度、圆度或大小等参数。
　　◔ 【自动增强】复选框：选中该复选框后，将减少选区边界的粗糙度和块效应。
❸ 选择【选择】|【反选】命令，按 Delete 键删除选区内的图像，再按 Ctrl+D 快捷键取消选区。然后在【图层】面板中，关闭【背景】图层视图查看抠图效果。

7.1.4　　使用【魔棒】工具

　　【魔棒】工具 根据图像的饱和度、亮度等信息来创建选区。用户可以通过调整容差值来控制选区的精确度。

扫一扫，看视频

❶ 打开一个图像文件，选择【魔棒】工具，在选项栏中设置合适的容差值，并指定选区绘制模式以及选中【连续】复选框。
❷ 使用【魔棒】工具在图像画面背景中单击，即可得到与光标单击位置颜色相近区域的选区。

　　◔ 【取样大小】选项：用于设置取样点的像素范围大小。
　　◔ 【容差】数值框：决定所选像素之间的相似性或差异性，其取值范围为 0~255。数值越低，对象像素相似程度的要求越高，所选范围就越小；数值越高，对像素相似程度的要求越低，所选的颜色范围就越大，选区也就越大。

- 【消除锯齿】复选框：选中该复选框，可创建边缘较平滑的选区。
- 【连续】复选框：选中该复选框时，只选择颜色连接的区域；当取消选中该复选框时，可以选择与所选像素颜色接近的所有区域，也包含没有连接的区域。
- 【对所有图层取样】复选框：如果文档中包含多个图层，选中该复选框，可以选择所有可见图层上颜色相近的区域；取消选中该复选框时，仅选择当前图层上颜色相近的区域。
- 【选择主体】按钮：单击该按钮，可以根据图像中最突出的对象自动创建选区。

❸ 得到选区后，可以对选区进行编辑操作，如贴入图像以替换背景。

7.1.5　使用【磁性套索】工具

　　【磁性套索】工具 ᗊ 能够通过画面中颜色的对比自动识别对象的边缘，绘制出由连接点形成的连接线段，最终闭合线段区域后创建出选区。该工具特别适用于创建与背景对比强烈且边缘复杂的对象选区。

❶ 打开一个图像文件，选择【磁性套索】工具，在选项栏中单击【添加到选区】按钮，设置【羽化】为1 像素、【宽度】为 5 像素、【对比度】数值为 5%，在【频率】文本框中输入 80。

| ᗊ ⌄ | □ ▣ ◲ ◳ | 羽化：1 像素 | ☑ 消除锯齿 | 宽度：5 像素 | 对比度：5% | 频率：80 |

- 【宽度】：宽度值决定了以光标为基准，光标周围有多少像素能够被【磁性套索】工具检测到。如果对象的边缘比较清晰，可以设置较大的值；如果对象的边缘比较模糊，可以设置较小的值。
- 【对比度】：对比度决定了选择图像时，对象与背景之间的对比度有多大才能被工具检测到，该值的范围为 1%~100%。较高的数值只能检测到与背景对比鲜明的边缘，较低的数值则可以检测到对比不是特别鲜明的边缘。
- 【频率】：频率决定了【磁性套索】工具以什么样的频率放置锚点。它的设置范围为 0~100，该值越高，锚点的放置速度就越快，数量也就越多。

提示：【磁性套索】工具的使用技巧

　　使用【磁性套索】工具创建选区时，可以通过按键盘中的 [和] 键来减小或增大宽度值，从而在创建选区的同时灵活地调整选区与图像边缘的距离，使其与图像边缘更加匹配。按] 键，可以将磁性套索边缘宽度增大 1 像素；按 [键，则可以将磁性套索边缘宽度减小 1 像素；按 Shift+] 组合键，可以将检测宽度设置为最大值，即 256 像素；按 Shift+[键，可以将检测宽度设置为最小值，即 1 像素。

❷ 设置完成后，在画面中需要创建选区的对象的边缘处单击确定起始点，然后沿对象的边缘拖动鼠标，自动创建路径。如果有错误的锚点，可以按 Delete 键删除最后绘制的锚点，还可以通过单击的方式添加锚点。当鼠标移到起始点位置时，光标会变为形状。

❸ 此时，单击鼠标可以闭合路径并创建选区，得到选区后即可进行抠图、合成等操作。

● 7.1.6　使用【魔术橡皮擦】工具

【魔术橡皮擦】工具 具有自动分析图像边缘的功能，用于擦除图层中具有相似颜色范围的区域，并以透明色代替被擦除区域。其使用方法与【魔棒】工具非常相似。

❶ 打开一个图像文件，并按 Ctrl+J 快捷键复制【背景】图层。选择【背景橡皮擦】工具，在选项栏中设置合适的画笔样式，设置【容差】数值以及是否选中【连续】复选框。设置完成后，在画面中单击，即可擦除与单击点颜色相似的区域。

- 【容差】：用于设置被擦除图像颜色的范围。输入的数值越大，可擦除的颜色范围越大；输入的数值越小，被擦除的图像颜色与光标单击处的颜色越接近。
- 【消除锯齿】复选框：选中该复选框，可使被擦除区域的边缘变得柔和平滑。
- 【连续】复选框：选中该复选框，可以使擦除工具仅擦除与鼠标单击处相连接的区域。
- 【对所有图层取样】复选框：选中该复选框，可以使擦除工具的应用范围扩展到图像中所有可见图层。
- 【不透明度】：用于设置擦除图像颜色的程度。将其设置为100%时，被擦除的区域将变成透明色；设置为1%时，不透明度将无效，将不能擦除任何图像画面。

❷ 如果没有擦除干净，可以重新设置参数进行擦除，或者使用【魔术橡皮擦】工具继续在需要擦除的地方单击。将背景擦除后就可以添加新的背景。

7.1.7　使用【背景橡皮擦】工具

【背景橡皮擦】工具　是一种智能橡皮擦，它具有自动识别对象边缘的功能，可采集画笔中心的色样，并删除在画笔内出现的颜色，使擦除区域成为透明区域。

选择【背景橡皮擦】工具，将光标移到画面中，光标呈现中心带有＋的圆形效果，圆形表示当前工具的作用范围，而圆形中心的＋则表示在擦除过程中自动采集颜色的位置。使用该工具，在涂抹过程中会自动擦除圆形画笔范围内出现的相近颜色的区域。

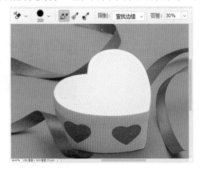

- 【取样】按钮：用于设置颜色取样的模式。按钮　表示只对单击鼠标时光标下的图像颜色取样；按钮　表示擦除图层中彼此相连但颜色不同的部分；按钮　表示将背景色作为取样颜色。

| (a) 取样：连续 | (b) 取样：一次 | (c) 取样：背景色板 |

- 【限制】：单击其右侧的按钮，在弹出的下拉菜单中可以选择使用【背景色橡皮擦】工具擦除的颜色范围。其中，【连续】选项表示可擦除图像中具有取样颜色的像素，但要求该部分与光标相连；【不连续】选项表示可擦除图像中具有取样颜色的像素；【查找边缘】选项表示在擦除与光标相连的区域的同时保留图像中物体锐利的边缘。
- 【容差】：用于设置被擦除的图像颜色与取样颜色之间差异的大小。
- 【保护前景色】复选框：选中该复选框，可以防止具有前景色的图像区域被擦除。

7.1.8 使用【色彩范围】命令

使用【色彩范围】命令可以根据图像的颜色变化关系来创建选区,适用于颜色对比度较大的图像。使用【色彩范围】命令时可以选定一个标准色彩,或使用【吸管】工具吸取一种颜色,然后在容差设定允许的范围内,图像中所有在这个范围内的色彩区域都将成为选区。其操作原理和【魔棒】工具基本相同。不同的是,【色彩范围】命令能更清晰地显示选区的内容,并且可以按照通道选择选区。

扫一扫,看视频

❶ 打开一个图像文件,选择【选择】|【色彩范围】命令,打开【色彩范围】对话框。在该对话框中,首先在【选择】选项中设置创建选区的方式。

- 选择【取样颜色】选项,可以直接在该对话框的预览区域单击并选择所需颜色,也可以在图像文件窗口中单击进行选择。
- 选择【红色】【黄色】【绿色】等选项,在图像查看区域中可以看到,画面中包含这种颜色的区域会以白色(选区内部)显示,不包含这种颜色的区域以黑色(选区以外)显示。如果图像中仅部分包含这种颜色,则以灰色显示。
- 选择【高光】【中间调】【阴影】中的一种方式,在图像查看区域可以看到被选中的区域变为白色,其他区域为黑色。
- 选择【肤色】时,会自动检测皮肤区域。
- 选择【溢色】时,可以选择图像中出现的溢色。
- 【检测人脸】复选框:当将【选择】设置为【肤色】时,选中【检测人脸】复选框,可以更加准确地查找皮肤部分的选区。
- 【本地化颜色簇】复选框:选中此复选框,拖动【范围】滑块可以控制要包含在蒙版中的颜色与取样点的最大和最小距离。

❷ 在图像查看区域,单击【选择范围】或【图像】单选按钮,可以在预览区域预览选择的颜色区域范围,或者预览整个图像以进行选择操作。当选中【选择范围】单选按钮时,预览区域内的白色代表被选择的区域,黑色代表未选择的区域,灰色代表被部分选择的区域(即有羽化效果的区域);当选中【图像】单选按钮时,预览区域内会显示彩色图像。

❸ 如果【选择】下拉列表中的颜色选项无法满足用户的需求，则可以在【选择】下拉列表中选择【取样颜色】选项，当光标变为吸管形状时，将其移至画布中的图像上，单击即可进行取样。

❹ 单击后被选中的区域范围有些小，原本非常接近的颜色区域并没有在图像查看区域中变为白色，可以适当增加【颜色容差】数值，使选择范围变大。

❺ 虽然增加【颜色容差】可以增大被选中的范围，但还是会遗漏一些近似区域。此时，用户可以单击【添加到取样】按钮，在画面中多次单击需要被选中的区域，也可以在图像查看区域中单击，使需要选中的区域变白。

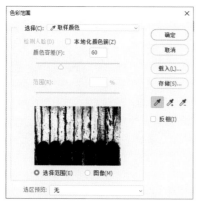 

- 【吸管】工具 ✐ /【添加到取样】工具 ✐ /【从取样减去】工具 ✐ 用于设置选区后，添加或删除需要的颜色范围。

- 【反相】复选框用于反转取样的色彩范围的选区。它提供了一种在单一背景上选择多个颜色对象的方法，即用【吸管】工具选择背景，然后选中该复选框以反转选区，得到所需对象的选区。

❻ 为了便于观察选区效果，可以从【选区预览】下拉列表中选择文档窗口中选区的预览方式。选择【无】选项时，表示不在窗口中显示选区；选择【灰度】选项时，可以按照选区在灰度通道中的外观来显示选区；选择【黑色杂边】选项时，可以在未选择的区域上覆盖一层黑色；选择【白色杂边】选项时，可以在未选择的区域上覆盖一层白色；选择【快速蒙版】选项时，可以显示选区在快速蒙版状态下的效果。

(a) 无　　　　　(b) 灰度　　　　(c) 黑色杂边　　　(d) 白色杂边　　　(e) 快速蒙版

❼ 单击【确定】按钮，即可得到选区。通过编辑选区内的图像，改变画面效果。

练一练	更换人物背景

文件路径：第 7 章 \ 更换人物背景

难易程度：★☆☆☆☆

技术掌握：【魔术橡皮擦】工具

扫一扫，看视频

举一反三	制作桌面背景

文件路径：第 7 章 \ 制作桌面背景

难易程度：★★☆☆☆

技术掌握：创建、编辑选区

扫一扫，看视频

案例效果：

案例效果：

7.1.9　扩大选取和选取相似

　　【选择】菜单中的【扩大选取】或【选取相似】命令常配合其他选区工具使用。

　　【扩大选取】命令用于添加与当前选区颜色相似且位于选区附近的所有像素。通过在【魔棒】工具的选项栏中设置【容差】值扩大选取。容差值决定了扩大选取时颜色取样的范围。容差值越大，扩大选取时的颜色取样范围越大。

【选取相似】命令用于将所有不相邻区域内相似颜色的图像全部选取，从而弥补只能选取相邻的相似颜色像素的缺陷。

　提示：【扩大选取】与【选取相似】的区别

　　【扩大选取】命令和【选取相似】命令都用于扩大选取区域。【扩大选取】命令只针对当前图像中连续的区域。而【选取相似】命令针对的是整张图像，可以选择整张图像中处于【容差】范围内的所有像素。

7.1.10　选择并遮住：细化选区

在 Photoshop 中，用户可以快捷、简单地创建准确的选区和蒙版。使用选框工具、【套索】工具、【魔棒】工具和【快速选择】工具时都会在选项栏中出现【选择并遮住】按钮。选择【选择】|【选择并遮住】命令，或在选择了一种选区创建工具后，单击选项栏上的【选择并遮住】按钮，即可打开【选择并遮住】工作区。该工作区将用户熟悉的工具和新工具结合在一起，用户可在【属性】面板中调整参数以创建更精准的选区。

❶ 打开一个图像文件，选择【快速选择】工具，在选项栏中单击【选择主体】按钮创建选区。然后选择【选择】|【选择并遮住】命令，打开【选择并遮住】工作区。该工作区左侧为一些用于调整选区以及视图的工具，左上方为所选工具选项，右侧为选区编辑选项。

提示：如何快速启动【选择并遮住】工作区

　　如果需要双击图层蒙版后打开【选择并遮住】工作区，可以选择【编辑】|【首选项】|【工具】命令，在打开的【首选项】对话框中，选中【双击图层蒙版可启动"选择并遮住"工作区】复选框。

- 【快速选择】工具：通过按住鼠标左键并拖动进行涂抹，软件会自动查找和跟随图像颜色的边缘创建选区。
- 【调整边缘画笔】工具：精确调整发生边缘调整的边界区域。制作头发或毛皮选区时可以使用【调整边缘画笔】工具柔化区域以增加选区内的细节。
- 【画笔】工具：通过涂抹的方式添加或减去选区。
- 【对象选择】工具：在定义的区域内查找并自动选择一个对象。
- 【套索】工具组：在该工具组中有【套索】工具和【多边形套索】工具两种工具。

❷ 在【视图模式】选项组中可以进行视图显示方式的设置。单击【视图】选项，在弹出的下拉列表中选择一个合适的视图模式。

- 【视图】：在该下拉列表中可以根据不同的需要选择最合适的预览方式。按 F 键可以在各个模式之间循环切换视图，按 X 键可以暂时停用所有视图。

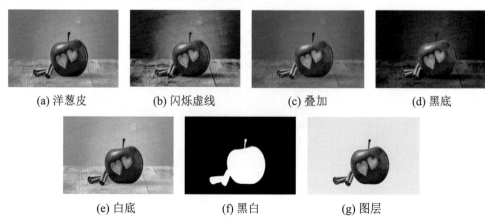

(a) 洋葱皮　　　(b) 闪烁虚线　　　(c) 叠加　　　(d) 黑底

(e) 白底　　　(f) 黑白　　　(g) 图层

- 选中【显示边缘】复选框，可以显示调整区域。

- 选中【显示原稿】复选框，可以显示原始蒙版。
- 选中【高品质预览】复选框，可以显示较高的分辨率预览，同时更新速度会变慢。

❸ 放大图像视图，可以看到先前使用【快速选择】工具创建的选区并不完全符合要求。此时，用户可以使用左侧的工具调整选区。

❹ 进一步调整图像对象边缘像素，可以设置【边缘检测】的【半径】选项。【半径】选项用来确定选区边界周围的区域大小。对图像中锐利的边缘可以使用较小的半径数值，对于较柔和的边缘可以使用较大的半径数值。选中【智能半径】复选框后，允许选区边缘出现宽度可变的调整区域。

❺ 【全局调整】选项组主要用来对选区进行平滑、羽化和扩展等处理。用户可适当调整【平滑】和【羽化】选项。

- 【平滑】选项：当创建的选区边缘非常生硬，甚至有明显的锯齿时，使用此参数可以进行柔化处理。
- 【羽化】选项：该选项与【羽化】命令的功能基本相同，用来柔化选区边缘。
- 【对比度】选项：设置此参数可以调整边缘的虚化程度，数值越大则边缘越锐利，通常可以创建比较精确的选区。
- 【移动边缘】选项：该选项与【收缩】【扩展】命令的功能基本相同，使用负值可以向内移动柔化边缘的边框，使用正值可以向外移动边框。
- 【清除选区】：单击该按钮，可以取消当前选区。
- 【反相】：单击该按钮，即可得到反向的选区。

❻ 此时选区调整完成，需要进行输出设置。在【输出】选项组中可以设置选区边缘的杂色以及设置选区输出的方式。在【输出设置】中选中【净化颜色】复选框，设置【输出到】为【选区】，单击【确定】按钮即可得到选区。使用 Ctrl+J 快捷键将选区中的图像内容复制到独立图层，然后更换背景。

◔ 【净化颜色】：将彩色杂边替换为附近完全选中的像素颜色。颜色替换的强度与选区边缘的羽化程度是成正比的。

◔ 【输出到】：设置选区的输出方式，在【输出到】下拉列表中选择相应的输出方式。

提示：如何复位【选择并遮住】工作区

单击【复位工作区】按钮 ↻，可恢复【选择并遮住】工作区的原始状态。另外，此选项还可以将图像恢复为进入【选择并遮住】工作区时，它所应用的原始选区或蒙版。选中【记住设置】复选框，可以存储设置，用于以后打开的图像。

举一反三　制作美食广告

| 文件路径：第 7 章 \ 制作美食广告 |
| 难易程度：★★★☆☆ |
| 技术掌握：【快速选择】工具 |

扫一扫，看视频

案例效果：

7.2　使用【图框】工具

　　【图框】工具可用于限定图层显示的范围。使用【图框】工具可以创建出方形和圆形的图框，除此之外，还能够将图形或文字转换为图框，并将图层限定到图形或文字的范围内。

❶ 打开一个图像文件，选择【图框】工具，单击选项栏中的【矩形画框】按钮，接着在图层所在的位置按住鼠标左键并拖动绘制图框。

扫一扫，看视频

❷ 释放鼠标后，即可看到该图层中画框以外的部分被隐藏。此时单击【图层】面板中的图框缩览图，拖动控制点即可调整图框的大小。如果单击【图层】面板中的图层内容缩览图，可以调整图层内容的大小、位置。

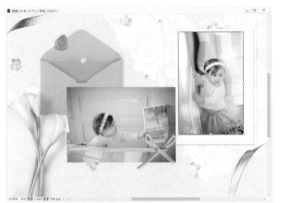

❸ 如果要替换图框中的内容，选中图框图层，右击，从弹出的快捷菜单中选择【替换内容】命令。在弹出的【替换文件】对话框中单击选择一个图像，接着单击【置入】按钮，即可完成图框内容的替换。替换的图像的位置和大小可以做适当的调整。

❹ 如果要删除图框，恢复到图层原始效果，可以在图框上右击，从弹出的快捷菜单中选择【从图层删除图框】命令。

提示：如何创建其他形状的图框

如果要将矢量形状图形转换为图框对象，可以在【图层】面板中选中形状图层，右击，从弹出的快捷菜单中选择【转换为图框】命令。在弹出的【新建帧】对话框中，单击【确定】按钮，即可将形状图层转换为图框。如果要将文字对象转换为图框对象，选中文字图层，右击，在弹出的快捷菜单中选择【转换为图框】命令。在弹出的【新建帧】对话框中，单击【确定】按钮，即可将文字图层转换为图框。创建其他形状图框后，所需的图像可以置入图框中。

7.3 图层蒙版

图层蒙版是图像处理中最为常用的蒙版，主要用来显示或隐藏图层的部分内容，在编辑的同时保留原图像不因编辑而受到破坏。图层蒙版中的白色区域可以遮盖下面图层中的内容，只显示当前图层中的图像；黑色区域可以遮盖当前图层中的图像，显示下面图层中的内容；蒙版中的灰色区域会根据其灰度值使当前图层中的图像呈现不同层次的透明效果。

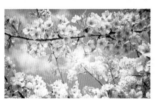  

(a) 原图 (b) 图层蒙版 (c) 效果

7.3.1 创建图层蒙版

创建图层蒙版时，用户需要确定是要隐藏还是显示所有图层，也可以在创建蒙版之前建立选区，通过选区使创建的图层蒙版自动隐藏部分图层内容。

1. 直接创建图层蒙版

在【图层】面板中选择需要添加蒙版的图层后，单击【图层】面板底部的【添加图层蒙版】按钮 ▢，或选择【图层】|【图层蒙版】|【显示全部】或【隐藏全部】命令即可创建图层蒙版。该图层的缩览图右侧会出现一个图层蒙版缩览图的图标。每个图层只能有一个图层蒙版，如果已有图层蒙版，再次单击该按钮创建出的是矢量蒙版。图层组、文字图层、3D 图层、智能对象等特殊图层都可以创建图层蒙版。

单击图层蒙版缩览图，接着可以使用画笔工具在蒙版中进行涂抹。在蒙版中只能使用灰度进行绘制。蒙版中被绘制了黑色的部分，图像相应的部分会隐藏。蒙版中被绘制了白色的部分，图像相应的部分会显示。图层蒙版中被绘制了灰色的部分，图像相应的部分会以半透明的方式显示。使用【渐变】工具或【油漆桶】工具也可以对图层蒙版进行填充。

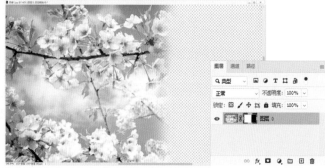

2. 基于选区创建图层蒙版

如果图像中包含选区，选择【图层】|【图层蒙版】|【显示选区】命令，可基于选区创建图层蒙版；如果选择【图层】|【图层蒙版】|【隐藏选区】命令，则选区内的图像将被蒙版遮盖。用户也可以在创建选区后，直接单击【添加图层蒙版】按钮，从选区生成蒙版。

7.3.2 停用、启用图层蒙版

如果要停用图层蒙版，选择【图层】|【图层蒙版】|【停用】命令，或按 Shift 键并单击图层蒙版缩览图，或在图层蒙版缩览图上右击，然后在弹出的快捷菜单中选择【停用图层蒙版】命令。停用蒙版后，在【属性】面板的缩览图和【图层】面板的蒙版缩览图中都会出现一个红色叉号。

在停用图层蒙版后，要重新启用图层蒙版，可选择【图层】|【图层蒙版】|【启用】命令，或直接单击图层蒙版缩览图，或在图层蒙版缩览图上右击，在弹出的快捷菜单中选择【启用图层蒙版】命令。此外，用户也可以在选择图层蒙版后，通过单击【属性】面板底部的【停用/启用蒙版】按钮停用或启用图层蒙版。

提示：只显示图层蒙版

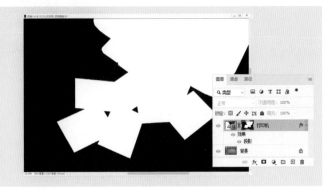

按住 Alt 键的同时，单击图层蒙版缩览图，可以只显示图层蒙版。

7.3.3 链接、取消链接图层蒙版

创建图层蒙版后，图层蒙版缩览图和图层缩览图中间有一个链接图标，它表示蒙版与图像处于链接状态。此时，进行变换操作，蒙版会与图像一起变换。

选择【图层】|【图层蒙版】|【取消链接】命令，或者单击图标，可以取消链接蒙版。取消链接后，既可以单独变换图像，也可以单独变换蒙版。若要重新链接蒙版，可以选择【图层】|【图层蒙版】|【链接】命令，或再次单击链接图标的位置。

7.3.4 复制、移动图层蒙版

按住 Alt 键将一个图层的图层蒙版拖至目标图层上，可以将蒙版复制到目标图层。如果直接将蒙版拖至目标图层上，则可以将该蒙版转移到目标图层，原图层将不再有蒙版。

7.3.5 应用及删除图层蒙版

应用图层蒙版是指将图像中对应蒙版中的黑色区域删除，白色区域保留下来，而灰色区域将呈现透明效果，并且删除图层蒙版。在图层蒙版缩览图上右击，在弹出的快捷菜单中选择【应用图层蒙版】命令，可以将蒙版应用在当前图层中。智能对象不可使用【应用图层蒙版】命令，要使用该命令，需先栅格化图层。

如果要删除图层蒙版，可以采用以下 4 种方法来完成。

- 选择蒙版，然后直接在【属性】面板中单击【删除蒙版】按钮。
- 选中蒙版图层，选择【图层】|【图层蒙版】|【删除】命令。
- 在图层蒙版缩览图上右击，在弹出的快捷菜单中选择【删除图层蒙版】命令。
- 将图层蒙版缩览图拖到【图层】面板下面的【删除图层】按钮上，或直接单击【删除图层】按钮，然后在弹出的提示对话框中单击【删除】按钮。

 举一反三　制作汽车服务广告

案例效果：

| 文件路径：第 7 章 \ 制作汽车服务广告 |
| 难易程度：★★★☆☆ |
| 技术掌握：使用图层蒙版 |

扫一扫，看视频

7.4　剪贴蒙版

剪贴蒙版是使用某个图层的内容来遮盖其上方的图层。遮盖效果由基底图层和其上方图层的内容决定。基底图层中的非透明区域形状决定了创建剪贴蒙版后内容图层的显示。

7.4.1　创建剪贴蒙版

剪贴蒙版可以用于多个图层，且这些图层必须是连续的图层。在剪贴蒙版中，最下面的图层为基底图层，上面的图层为内容图层。基底图层名称下带有下画线，内容图层的缩览图是缩进的，并且带有剪贴蒙版图标。

① 要创建剪贴蒙版，必须先在打开的图像文件中选中两个或两个以上的图层，一个作为基底图层，其他的图层可作为内容图层。

② 选中内容图层，然后选择【图层】|【创建剪贴蒙版】命令；或在要应用剪贴蒙版的图层上右击，在弹出的快捷菜单中选择【创建剪贴蒙版】命令；或按 Alt+Ctrl+G 组合键；或按住 Alt 键，将光标放在【图层】

面板中分隔两组图层的线上，然后单击鼠标即可创建剪贴蒙版。

 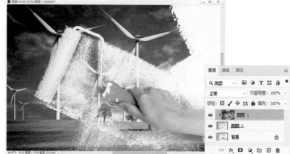

创建剪贴蒙版后，用户可以编辑剪贴蒙版的不透明度、混合模式等属性。

❶ 如果想要在剪贴蒙版组上应用图层样式，那么需要为基底图层添加图层样式，否则附着于内容图层的图层样式可能无法显示。

❷ 基底图层只能有一个，而内容图层则可以有多个。对内容图层进行增减或编辑，只会影响显示内容。在【图层】面板中，选中内容图层，然后将一幅图像置入文档中，再在【图层】面板中右击置入的图像图层，在弹出的快捷菜单中选择【创建剪贴蒙版】命令，即可将其加入剪贴蒙版中。

❸ 在剪贴蒙版组中，如果对基底图层的位置或大小进行调整，则会影响剪贴蒙版组的形态。

❹ 当对内容图层的不透明度和混合模式进行调整时，仅对其自身产生作用，不会影响剪贴蒙版中其他图层的不透明度和混合模式。当对基底图层的不透明度和混合模式进行调整时，可以控制整个剪贴蒙版的不透明度和混合模式。

7.4.3 释放剪贴蒙版

选择基底图层正上方的内容图层，选择【图层】|【释放剪贴蒙版】命令；或按 Alt+Ctrl+G 组合键；或直接在要释放的图层上右击，在弹出的快捷菜单中选择【释放剪贴蒙版】命令，可释放全部剪贴蒙版。

用户也可以按住 Alt 键，将光标放在剪贴蒙版中两个图层之间的分隔线上，然后单击鼠标就可以释放剪贴蒙版中的图层。如果选中的内容图层上方还有其他内容图层，则这些图层也将会同时释放。

练一练 制作折扣券

案例效果：

文件路径：第 7 章 \ 制作折扣券

难易程度：★★★☆☆

技术掌握：绘制图形、使用图层蒙版

扫一扫，看视频

7.5 矢量蒙版

矢量蒙版是通过【钢笔】工具或形状工具创建的与分辨率无关的蒙版。它通过路径和矢量形状来控制图像的显示区域，可以任意缩放，还可以应用图层样式为蒙版内容添加图层效果，用于创建各种风格的按钮、面板或其他的 Web 设计元素。

7.5.1 创建矢量蒙版

要创建矢量蒙版，可以在图像中绘制路径后，单击选项栏中的【蒙版】按钮，将绘制的路径转换为矢量蒙版。用户也可以选择【图层】|【矢量蒙版】|【当前路径】命令，将当前路径创建为矢量蒙版。

❶ 打开一个图像文件，使用矢量绘图工具绘制路径。

❷ 选择【图层】|【矢量蒙版】|【当前路径】命令，创建矢量蒙版。

7.5.2 链接、取消链接矢量蒙版

在默认状态下，图层与矢量蒙版是链接在一起的。当移动、变换图层时，矢量蒙版也会跟着发生变化。如果不想变换图层或矢量蒙版时影响对象，可以单击链接图标⑧取消链接。如果要恢复链接，可以在取消链接的地方单击链接图标，或选择【图层】|【矢量蒙版】|【链接】命令。

选择【图层】|【矢量蒙版】|【停用】命令；或在矢量蒙版上右击，在弹出的快捷菜单中选择【停用矢量蒙版】命令，可以暂时停用矢量蒙版，矢量蒙版缩览图上会出现一个红色的叉号。如果要重新启用矢量蒙版，可以选择【图层】|【矢量蒙版】|【启用】命令。

7.5.3　转换矢量蒙版

矢量蒙版是基于矢量形状创建的，当不再需要改变矢量蒙版中的形状，或者需要对形状做进一步的灰度改变时，可以将矢量蒙版栅格化。栅格化操作实际上就是将矢量蒙版转换为图层蒙版的过程。选择矢量蒙版所在的图层，选择【图层】|【栅格化】|【矢量蒙版】命令，或直接右击，在弹出的快捷菜单中选择【栅格化矢量蒙版】命令，即可栅格化矢量蒙版，将其转换为图层蒙版。

　提示：矢量蒙版的显示与隐藏

选择【图层】|【矢量蒙版】|【显示全部】命令，可以创建显示全部图像的矢量蒙版；选择【图层】|【矢量蒙版】|【隐藏全部】命令，可以创建隐藏全部图像的矢量蒙版。

举一反三　制作图像拼合效果

案例效果：

| 文件路径：第 7 章 \ 制作图像拼合效果 |
| 难易程度：★★★☆☆ |
| 技术掌握：套索工具的应用 |

扫一扫，看视频

7.6　运用通道

通道抠图是一种比较专业的抠图技法，能够抠出其他抠图方式无法抠出的对象。对于带毛发的小动物、人像、边缘复杂的植物、半透明的薄纱或云朵、光效等一些比较特殊的对象，都可以尝试使用通道抠图。

通道抠图主要是在各个通道中进行对比，找到主体与背景黑白反差最大的通道，复制通道并使用【亮度／对比度】【曲线】【色阶】等调整命令，以及【画笔】【加深】【减淡】等工具对通道进行调整；然后进一步强化通道黑白反差，得到合适的黑白通道；最后单击【通道】面板底部的【将通道作为选区载入】按钮，将通道转换为选区。

❶ 打开一个图像文件，并按 Ctrl+J 快捷键复制【背景】图层，这样可以避免破坏原始图像。

❷ 选择【窗口】|【通道】命令，在【通道】面板中逐一观察并选择主体与背景黑白对比强烈的通道。经过观察，在【蓝】通道上右击，在弹出的快捷菜单中选择【复制通道】命令。打开【复制通道】对话框，单击【确定】按钮创建【蓝 拷贝】通道。

❸ 利用调整命令来增强【蓝 拷贝】通道的黑白对比，使选区与背景区分开来。选择【图像】|【调整】|【曲线】命令，打开【曲线】对话框。在该对话框中，单击【在图像中取样以设置黑场】按钮，然后在人物皮肤上单击。此时皮肤部分连同比皮肤暗的区域全部变为黑色。

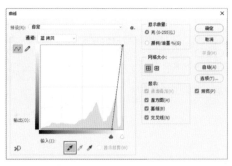

❹ 在【曲线】对话框中，单击【在图像中取样以设置白场】按钮，单击背景部分，背景变为全白。设置完成后，单击【确定】按钮。

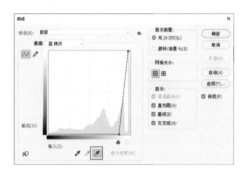

166

❺ 在工具面板中将前景色设置为黑色，使用【画笔】工具在图像中将其他需要抠取的部分涂抹成黑色。调整完毕后，单击【通道】面板底部的【将通道作为选区载入】按钮，得到选区。

❻ 单击 RBG 复合通道，回到【图层】面板，选中复制的图层，按 Delete 键删除人像以外的部分。

❼ 此时，选中【背景】图层，通过置入图像，可以为人像添加一个新背景。

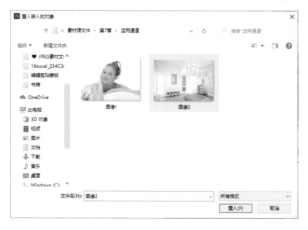

练一练 抠取透明冰块

| 文件路径：第 7 章 \ 抠取透明冰块 |
| 难易程度：★★☆☆☆ |
| 技术掌握：通道抠图 |

扫一扫，看视频

案例效果：

第 8 章

图像调色

本章内容简介

　　调色是数码照片编辑中非常重要的功能，图像的色彩在很大程度上能够决定图像的好坏，与图像主题相匹配的色彩才能够正确传达图像的内涵。对于设计作品也是一样，正确使用色彩也是非常重要的。不同的颜色往往带有不同的情感倾向，对于观者心理产生的影响也不同。在 Photoshop 中我们要学习如何使用画面的色彩，通过调色技术的使用，制作各种各样风格化的效果。

本章重点内容

- 掌握调色命令与调整图层的使用
- 分析图像色彩方面存在的问题
- 熟练掌握调整图像曝光问题的方法

练一练 & 举一反三详解

8.1　图像调色前的准备

图像的色调在很大程度上能够影响观赏者的心理感受。调色不仅在摄影后期中占有重要地位，在平面设计中也是不可忽视的。在进行设计创作过程中，经常要用到各种各样的图像元素，而图像元素的色调与画面是否匹配也会影响设计作品的成败。使用调色技术可以使元素融合到画面中。

8.1.1　调色关键词

在进行调色之前，我们需要先了解一些与色彩基本属性相关的关键词，如色调、影调、颜色模式、直方图等。

1. 色调

色调指的是画面色彩的冷暖倾向。颜色或画面越倾向于蓝色的为冷色调，越倾向于橘色的为暖色调。

2. 影调

影调是指画面的明暗层次、虚实对比和色彩的色相明暗等之间的关系。由于影调的亮暗和反差的不同，通常以亮暗将图像分为亮调、暗调和中间调，也可以反差将图像分为硬调、软调和中间调等多种形式。

3. 颜色模式

颜色模式是描述颜色的依据，是用于表现色彩的一种数学算法，是指一幅图像用什么方式在计算机中显示或打印输出。常见的颜色模式包括位图、灰度、双色调、索引颜色、RGB 颜色、CMYK 颜色、

Lab 颜色、多通道及 8 位或 16 位 / 通道模式等。颜色模式的不同，对图像的描述和所能显示的颜色数量就会不同。除此之外，颜色模式还影响通道数量和文件大小。默认情况下，位图、灰度和索引颜色模式的图像只有 1 个通道；RGB 和 Lab 颜色模式的图像有 3 个通道；CMYK 颜色模式的图像有 4 个通道。

- 【灰度】模式主要以黑、白及灰阶层次来表现图形的颜色明度层次。【灰度】模式中只存在灰度色彩，并最多可达 256 级。在灰度图像文件中，图像的色彩饱和度为 0，亮度是唯一能够影响灰度图像的参数。在 Photoshop 中选择【图像】|【模式】|【灰度】命令将图像文件的颜色模式转换成灰度模式时，将出现一个警告对话框，提示这种转换将丢失颜色信息。

- RGB 颜色模式中的 R 代表 Red(红色)，G 代表 Green(绿色)，B 代表 Blue(蓝色)。3 种颜色叠加形成其他颜色，因为 3 种颜色的每一种都有 256 个亮度水平级，所以彼此叠加就能形成 1670 万种颜色。RGB 颜色模式可由红、绿、蓝相叠加而形成其他颜色，因此该模式也称为加色模式。图像色彩均由 R、G、B 数值决定。当 R、G、B 数值均为 0 时，为黑色；当 R、G、B 数值均为 255 时，为白色。

- CMYK 是印刷中必须使用的颜色模式。C 代表青色，M 代表洋红，Y 代表黄色，K 代表黑色。实际应用中，青色、洋红和黄色很难形成真正的黑色，因此引入黑色用来强化暗部色彩。在 CMYK 模式中，由于光线照到不同比例的 C、M、Y、K 油墨纸上，部分光谱被吸收，反射到人眼中产生颜色，所以该模式是一种减色模式。使用 CMYK 模式产生颜色的方法称为色光减色法。

- HSB 颜色模式使用 3 个轴来定义颜色。HSB 颜色模式来源自 RGB 颜色模式的色彩空间，并且是与设备相关的色彩空间，而在 Photoshop 中主要通过拾色器进行设置。色相 (H) 是从对象反射或透过对象传播的颜色。在 0~360°的标准色轮上，按位置度量色相。通常，色相由颜色名称标识。饱和度 (S) 是指颜色的强度或纯度。饱和度表示色相中灰色分量所占的比例，它使用从 0%(灰色) 至 100%(完全饱和) 的百分比来度量。在标准色轮上，饱和度从中心到边缘递增。亮度 (B) 是颜色的相对明暗程度，通常使用从 0%(黑色) 至 100%(白色) 的百分比来度量。

- Lab 模式包含的颜色最广，是一种与设备无关的模式。该模式由 3 个通道组成，它的一个通道代表发光率，即 L，另外两个用于颜色范围，a 通道包括的颜色是从深绿 (低亮度值) 到灰 (中亮度值)，再到亮粉红色 (高亮度值)；b 通道则是从亮蓝色 (低亮度值) 到灰 (中亮度值)，再到焦黄色 (高亮度值)。当 RGB 颜色模式要转换成 CMYK 颜色模式时，通常要先转换为 Lab 颜色模式。

4. 直方图

直方图是判断数码照片影调是否正常的重要参数之一。在【直方图】面板中使用图形表示图像中每个亮度级别的像素数量及像素的分布情况，对数码照片的影调调整起着至关重要的作用。选择【窗口】|【直方图】命令，打开【直方图】面板。打开的面板以默认的紧凑视图显示，该直方图代表整个图像。若要将图像以其他视图显示，则单击面板右上角的面板菜单按钮，打开面板菜单。

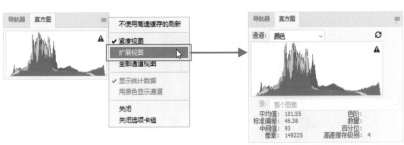

在【直方图】面板菜单中选择【全部通道视图】命令，即可以全部通道视图显示各个通道的直方图。若在【通道】下拉列表中选择【明度】选项，可显示复合通道及各个通道的亮度或强度值。

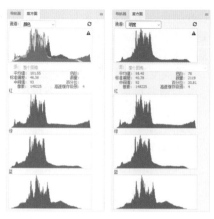

使用【直方图】面板可以查看图像在阴影、中间调和高光部分的信息，以确定数码照片的影调是否正常。在【直方图】面板中，直方图的左侧代表了图像的阴影区域，中间代表了中间调，右侧代表了高光区域。

当山峰分布在直方图左侧时，说明图像的细节集中在暗调区域，中间调和高光区域缺乏像素，通常情况下，该图像的色调较暗。当山峰分布在直方图右侧时，说明图像的细节集中在高光区域，中间调和阴影缺乏细节，通常情况下，该图像为亮色调图像。

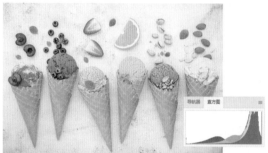

当山峰分布在直方图中间时，说明图像的细节集中在中间色调处。一般情况下，这表示图像的整体色调效果较好。但有时色彩的对比效果可能不够强烈。当山峰分布在直方图的两侧时，说明图像的细节集中在阴影处和高光区域，中间调缺少细节。

当直方图的山峰起伏较小时，说明图像的细节在阴影、中间调和高光处分布较为均匀，色彩之间的过渡较为平滑。在直方图中，如果山脉没有横跨直方图的整个长度，说明阴影或高光区域缺少必要的像素，它会导致图像缺乏对比度。

【直方图】面板的下方还显示平均值、标准偏差、中间值、像素、色阶、数量、百分位和高速缓存级别等数据。

- 【平均值】：该项表示图像的平均亮度值。
- 【标准偏差】：该项表示当前图像颜色亮度值的变化范围。
- 【中间值】：该项显示亮度值范围内的中间值。
- 【像素】：该项表示用于计算直方图的像素总数。
- 【色阶】：该项用于显示光标在直方图位置区域的亮度色阶。
- 【数量】：该项用于显示光标在直方图位置区域的亮度色阶的像素总数。
- 【百分位】：该项显示光标在直方图位置区域的亮度色阶或该色阶以下的像素累计数。该值表示为图像中所有像素的百分数，从最左侧的 0% 到最右侧的 100%。
- 【高速缓存级别】：该项显示当前用于创建直方图的图像高速缓存。

8.1.2 使用调色命令调色

调色命令虽然很多，但是其使用方法都比较相似。

❶ 首先选中需要调整的图层，然后选择【图像】|【调整】命令，在子菜单中可以选择所需要的调色命令。

扫一扫，看视频

❷ 大部分调色命令都会弹出参数设置对话框，在对话框中可进行参数选项的设置。如打开的【色相 / 饱和度】对话框中，可以尝试拖动滑块位置或输入数值，改变画面颜色。

❸ 很多调色命令中都有【预设】选项。用户可以通过在预设列表中选择某一种预设，快速为图像添加效果。

❹ 很多调色命令的对话框中，都有【通道】下拉列表和【颜色】下拉列表可供选择。单击【颜色】下拉列表会看到红色、绿色、蓝色等，选择某一项，即可针对这种颜色进行调整。

 提示：快速还原调色命令的默认参数

　　使用调色命令修改参数后，想将参数还原成默认数值，可以按住 Alt 键，此时对话框中的【取消】按钮会变成【复位】按钮，单击【复位】按钮，可将图像还原到初始状态。

● **8.1.3** 使用调整图层调色

　　【调整】命令是直接作用于原图层的，而调整图层则是通过创建以【色阶】【色彩平衡】【曲线】等调整命令功能为基础的图层，单独对其下方图层中的图像进行调整处理，并且不会破坏其下方的原图像文件。

扫一扫，看视频

❶ 选中需要调整的图层，选择【图层】|【新建调整图层】命令，在其子菜单中选择所需的调整命令。

提示: 快速创建调整图层

　　用户要快速创建调整图层,可以选择【窗口】|【调整】命令,打开【调整】面板。【调整】面板中排列的图标与【图层】|【新建调整图层】命令菜单中的子命令是相同的。在【调整】面板中单击命令图标,即可创建调整图层,还可以在【图层】面板底部单击【创建新的填充或调整图层】按钮,在打开的菜单中选择相应调整命令。

❷ 在打开的【新建图层】对话框中,可以设置调整图层的名称,单击【确定】按钮。此时,在【图层】面板中可以看到新建的调整图层。

❸ 与此同时,在【属性】面板中会显示当前调整图层的参数设置,调整参数即可改变画面颜色。如果没有显示【属性】面板,可以双击该调整图层的缩览图,即可显示【属性】面板。

❹ 在【图层】面板中,可以看到调整图层自动带有一个图层蒙版。在调整图层蒙版中可以使用黑色、白色、灰色来控制受影响的区域。

8.2 自动调色命令

在【图像】菜单下有3个用于自动调整图像颜色的命令:【自动色调】命令、【自动对比度】命令和【自动颜色】命令。这3个命令无须进行参数设置,选择命令后,Photoshop 会自动计算图像颜色和明暗中存在的问题并进行校正,适合处理一些数码照片常见的偏色、偏灰、偏暗或偏亮等问题。

8.2.1 自动色调

【自动色调】命令可以自动调整图像中的黑场和白场,将每个颜色通道中最亮和最暗的像素映射到纯白 (色阶为 255) 和纯黑 (色阶为 0),中间像素值按比例重新分布,从而增强图像的对比度。该命令常用于校正图像常见的偏色问题。

8.2.2 自动对比度

【自动对比度】命令可以自动调整图像亮部和暗部的对比度。它将图像中最暗的像素转换为黑色,将最亮的像素转换为白色,从而增大图像的对比度。该命令常用于校正图像对比度过低的问题。

8.2.3 自动颜色

【自动颜色】命令主要用于校正图像中颜色的偏差。通过搜索图像来标识阴影、中间调和高光,从而调整图像的对比度和颜色。默认情况下,【自动颜色】使用 RGB128 灰色这一目标颜色来中和中间调,并将阴影和高光像素剪切 0.5%。用户可以在【自动颜色校正选项】对话框中更改这些默认值。

8.3　调整图像的明暗

【图像】|【调整】命令的子菜单命令，主要用于调整图像的明暗。提高画面的明度可以使画面变亮，降低画面的明度可以使画面变暗；增强画面亮部区域的亮度并降低画面暗部区域的亮度则可以增加画面对比度，反之则会降低画面对比度。

8.3.1　亮度/对比度

亮度即图像的明暗。对比度表示的是图像中明暗区域最亮的白和最暗的黑之间不同亮度层级的差异范围，范围越大对比越大，反之则越小。【亮度/对比度】命令是一个简单而又直接的调整命令，使用该命令可以增亮或变暗图像中的色调。

❶ 打开一个图像文件，选择【图像】|【调整】|【亮度/对比度】命令，打开【亮度/对比度】对话框；或在【调整】面板中，单击【创建新的亮度/对比度调整图层】按钮，可创建一个【亮度/对比度】调整图层。

扫一扫，看视频

❷ 在打开的对话框中，【亮度】用来设置图像的整体亮度。数值为负值时，表示降低图像的亮度；数值为正值时，表示提高图像的亮度。

❸ 在该对话框中，【对比度】用于设置图像亮度对比的强烈程度。数值为负值时，图像对比度减弱；数值为正值时，图像对比度增强。

● 8.3.2　色阶

　　【色阶】命令主要用于调整画面的明暗程度，以及增强或降低对比度。【色阶】命令的优势在于可以单独对图像的阴影、中间调、高光以及亮部、暗部区域进行调整，而且可以对各个颜色通道进行调整，以实现色彩调整的目的。【色阶】直方图用作调整图像基本色调的直观参考。

扫一扫，看视频

❶ 打开一个图像文件，选择【图像】|【调整】|【色阶】命令，或按Ctrl+L快捷键，打开【色阶】对话框；或在【调整】面板中，单击【创建新的色阶调整图层】按钮 ⚞，可创建一个【色阶】调整图层。

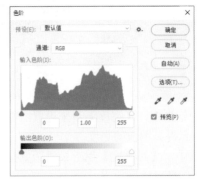

❷ 在【输入色阶】区域中可以通过拖动滑块来调整图像的阴影、中间调和高光，同时也可以直接在对应的数值框中输入数值。左边的黑色滑块用于调节深色系的色调，右边的白色滑块用于调节浅色系的色调。将左侧滑块向右侧拖动，明度降低；将右侧滑块向左侧拖动，明度升高。

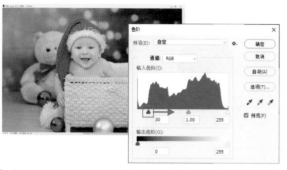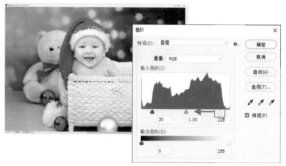

❸ 中间的滑块用于调节中间调，向左拖动【中间调】滑块，画面中间调区域会变亮，受其影响，画面大部分区域会变亮；向右拖动【中间调】滑块，画面中间调区域会变暗，受其影响，画面大部分区域会变暗。

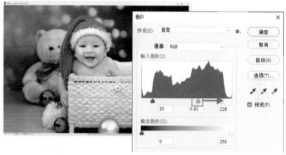

❹ 在【输出色阶】区域中可以设置图像的亮度范围，从而降低对比度，使图像呈现褪色效果。向右拖动暗部滑块，画面暗部区域会变亮，画面会产生变灰的效果；向左拖动亮部滑块，画面亮部区域会变暗。

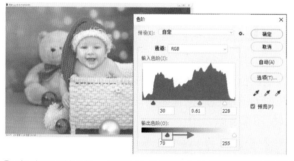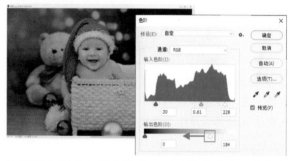

❺ 在该对话框中，使用【在图像中取样以设置黑场】按钮 🖉 在图像中单击取样，可以将单击点处的像素调整为黑色，同时图像中比该取样点暗的像素也会变成黑色。使用【在图像中取样以设置灰场】按钮 🖉 在图像中单击取样，可以根据单击点像素的亮度来调整其他中间调的平均亮度。使用【在图像中取样以设置白场】按钮 🖉 在图像中单击取样，可以将单击点处的像素调整为白色，同时图像中比该取样点亮的像素也会变成白色。

(a) 设置黑场　　　　　　　(b) 设置灰场　　　　　　　(c) 设置白场

练一练　打造清新色调

文件路径：第8章 \ 打造清新色调	
难易程度：★★☆☆☆	
技术掌握：【色阶】【色彩平衡】命令	扫一扫，看视频

案例效果：

8.3.3　曲线

　　【曲线】命令和【色阶】命令类似，既可用于对画面的明暗和对比度进行调整，又可用于校正画面偏色问题以及调整画面的色调效果。

① 打开一个图像文件，选择【图像】|【调整】|【曲线】命令，或按 Ctrl+M 快捷键，可打开【曲线】对话框。在【曲线】对话框中，左侧为曲线调整区域，在这里可以通过改变曲线的形态，调整画面的明暗程度。横轴用来表示图像原来的亮度值，相当于【色阶】对话框中的输入色阶；纵轴用来表示新的亮度值，相当于【色阶】对话框中的输出色阶；对角线用来显示当前【输入】和【输出】数值之间的关系，在没有进行调整时，所有的像素拥有相同的【输入】和【输出】数值。

扫一扫，看视频

② 曲线上半部分控制画面亮部区域；曲线中间段部分控制画面中间调区域；曲线下半部分控制画面暗部区域。在曲线上单击即可创建一个点，然后通过按住并拖动曲线点的位置调整曲线形态。将曲线上的点向左上移动可以使图像变亮，将曲线点向右下移动可以使图像变暗。

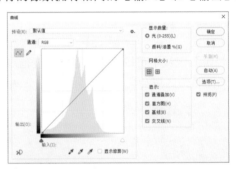

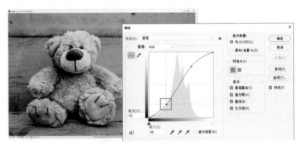

1. 使用预设的曲线效果

　　在【曲线】对话框的【预设】下拉列表中共有【彩色负片】【反冲】【较暗】【增加对比度】【较亮】【线性对比度】【中对比度】【负片】和【强对比度】9 种曲线预设效果。

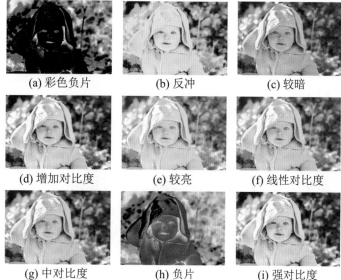

(a) 彩色负片　　(b) 反冲　　(c) 较暗

(d) 增加对比度　　(e) 较亮　　(f) 线性对比度

(g) 中对比度　　(h) 负片　　(i) 强对比度

2. 提亮、压暗画面

　　预设并不一定适合所有情况，大部分情况下还需要我们自己对曲线进行调整。通常情况下，中间调区域控制的范围较大，所以要对画面整体进行调整时，大多会选择在曲线中间段部分进行调整。如果想让画面整体变亮一些，可以选择在曲线的中间调区域按住鼠标左键，并向左上拖动，此时画面就会变亮。想要使画面整体变暗一些，可以在曲线的中间区域上按住鼠标左键并向右下拖动。

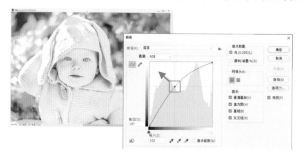

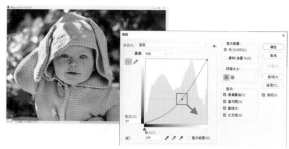

3. 调整图像的对比度

　　想要增强画面对比度，则需要使画面亮部变得更亮，而暗部变得更暗，这就需要将曲线调整为 S 形，在曲线上半段添加点并向左上拖动，在曲线下半段添加点并向右下拖动。反之，想要使图像对比度降低，则需要将曲线调整为反 S 形。

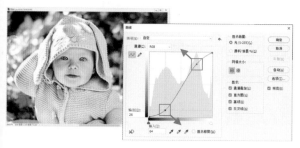

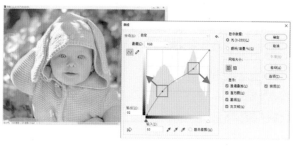

4. 调整图像的颜色

使用曲线可以校正偏色，也可以使画面产生各种各样的颜色。如果画面颜色倾向于某种颜色，那么在进行调色处理时，就需要减少该颜色，可以在通道列表中选择相应颜色，然后调整曲线形态。如果想要改变图像画面的色调，则可以调整单独通道的明暗来使画面颜色改变。

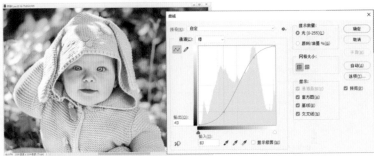

练一练　修复逆光照片

文件路径：第 8 章 \ 修复逆光照片

难易程度：★★★☆☆

技术掌握：【曲线】命令

扫一扫，看视频

案例效果：

8.3.4　曝光度

【曝光度】命令主要用来校正图像曝光不足、曝光过度、对比度过低或过高的情况。

❶打开一个图像文件，选择【图像】|【调整】|【曝光度】命令，打开【曝光度】对话框。

扫一扫，看视频

❷将【曝光度】滑块向左拖动，可以降低曝光效果；向右拖动，可以增强曝光效果。

❸【位移】选项主要对阴影和中间调起作用。减小【位移】数值可以使其阴影和中间调区域变暗，但对高光基本不会产生影响。

❹【灰度系数校正】用于控制画面中的中间调区域。将滑块向左调整增大数值，中间调区域变亮；将滑块向右调整减小数值，中间调区域变暗。

 练一练　加强画面对比度　　　案例效果：

| 文件路径：第 8 章 \ 加强画面对比度 |
| 难易程度：★★☆☆☆ |
| 技术掌握：【曝光度】命令 |

扫一扫，看视频

8.3.5　阴影 / 高光

使用【阴影 / 高光】命令可以对图像的阴影和高光部分进行调整。该命令不是简单地使图像变亮或变暗，它基于阴影或高光中的周围像素 (局部相邻像素) 变亮或变暗。

❶ 打开一个图像文件，按 Ctrl+J 快捷键复制图像【背景】图层。选择【图像】|【调整】|【阴影 / 高光】命令，即可打开【阴影 / 高光】对话框进行设置。

扫一扫，看视频

❷ 增大【阴影】数值可以使画面暗部区域变亮；减小【阴影】数值可以使画面暗部区域变暗。增大【高光】数值则可以使画面亮部区域变暗。

❸ 选中【显示更多选项】复选框，可以显示【阴影／高光】的完整选项。【阴影】选项组与【高光】选项组的参数是相同的。

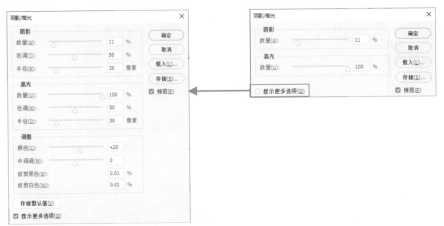

- 🔘 【数量】：用来控制阴影／高光区域的亮度。【阴影】的数值越大，阴影区域就越亮；【高光】的数值越大，高光区域就越暗。
- 🔘 【色调】：用来控制色调的修改范围，值越小，修改的范围越小。
- 🔘 【半径】：用于控制每个像素周围的局部相邻像素的范围大小。相邻像素用于确定像素是在阴影还是在高光中，数值越小，范围越小。
- 🔘 【颜色】：用于控制画面颜色感的强弱，数值越小，画面饱和度越低；数值越大，饱和度越高。
- 🔘 【中间调】：用来调整中间调的对比度，数值越大，中间调的对比度越强。

| (a) 阴影数量：20% | (b) 阴影数量：50% | (a) 高光数量：50% | (b) 高光数量：10% |

(a) 颜色：+100　　　(b) 颜色：-100　　　(a) 中间调：+100　　　(b) 中间调：-100

- 🔘 【修剪黑色】：该选项可以将阴影区域变为纯黑色，数值的大小用于控制变为黑色阴影的范围。数值越大，变为黑色的区域越大，画面整体越暗。其最大数值为50%，过大的数值会使图像损失过多细节。

(a) 修剪黑色：0.01%　　　(b) 修剪黑色：20%　　　(c) 修剪黑色：50%

● 【修剪白色】：该选项可以将高光区域变为纯白色，数值的大小用于控制变为白色高光的范围。数值越大，变为白色的区域越大，画面整体越亮。其最大数值为 50%，过大的数值会使图像损失过多细节。

(a) 修剪白色：0.01%　　　　(b) 修剪黑白色：10%　　　　(c) 修剪白色：30%

● 【存储默认值】：如果要将对话框中的参数设置存储为默认值，可以单击该按钮。存储为默认值后，再次打开【阴影 / 高光】对话框时，就会显示该参数。

8.4　调整图像的色彩

在【图像】|【调整】命令的子菜单中包含十几种针对图像色彩进行调整的命令。通过使用这些命令既可以校正偏色，又可以为画面打造出具有特色的色彩风格。

8.4.1　自然饱和度

【自然饱和度】命令可以增加或减少画面颜色的鲜艳程度，常用于使照片更加明艳，或打造出复古怀旧的低饱和度效果。【自然饱和度】命令还可防止肤色过度饱和。

❶ 打开一个图像文件，选择【图像】|【调整】|【自然饱和度】命令，打开【自然饱和度】对话框。

扫一扫，看视频

❷ 向左拖动【自然饱和度】滑块，可以降低颜色的饱和度；向右拖动【自然饱和度】滑块，可以增加颜色的饱和度。

❸ 向左拖动【饱和度】滑块，可以增加所有颜色的饱和度；向右拖动【饱和度】滑块，可以降低所有颜色的饱和度。

(a) 自然饱和度：-100　　　(b) 自然饱和度：+100　　　(a) 饱和度：-100　　　(b) 饱和度：+100

8.4.2 色相 / 饱和度

【色相 / 饱和度】命令主要用于改变图像像素的色相、饱和度和明度，也可以通过给像素定义新的色相和饱和度，实现给灰度图像上色的功能，还可以制作单色调效果。需要注意的是，由于位图和灰度模式的图像不能使用【色相 / 饱和度】命令，因此使用前必须先将其转换为 RGB 模式或其他的颜色模式。

扫一扫，看视频

❶ 打开一个图像文件，按 Ctrl+J 快捷键复制图像【背景】图层。选择【图像】|【调整】|【色相 / 饱和度】命令，或按 Ctrl+U 快捷键，打开【色相 / 饱和度】对话框。默认情况下，用户可以对整个图像的色相、饱和度、明度进行调整。

❷ 在【预设】下拉列表中提供了【氰版照相】【进一步增加饱和度】【增加饱和度】【旧样式】【红色提升】【深褐】【强饱和度】和【黄色提升】8 种色相 / 饱和度预设。

(a) 氰版照相　　　　　　(b) 进一步增加饱和度　　　　(c) 增加饱和度　　　　　　(d) 旧样式

(e) 红色提升　　　　　　　(f) 深褐　　　　　　　　(g) 强饱和度　　　　　　　(h) 黄色提升

❸ 如果想要调整画面中某种颜色的色相、饱和度、明度，可以在【颜色通道】下拉列表中选择红色、黄色、绿色、青色、蓝色或洋红通道，然后进行调整。

- 【色相】：调整滑块可以更改画面中各个部分或某种颜色的色相。
- 【饱和度】：调整饱和度数值可以增强或减弱画面整体或某种颜色的鲜艳程度。数值越大，颜色越艳丽。
- 【明度】：调整明度数值可以使画面整体或某种颜色的明亮程度增加。数值越大，越接近白色；数值越小，越接近黑色。
- ✋：选中该工具，在图像上单击设置取样点，然后将光标向左拖动可以降低图像的饱和度，向右拖动可以增加图像的饱和度。

 提示：使用【色相 / 饱和度】命令着色图像

　　在【色相 / 饱和度】对话框中，用户还可对图像进行着色操作。在该对话框中，选中【着色】复选框，通过拖动【色相】和【饱和度】滑块来改变其颜色。

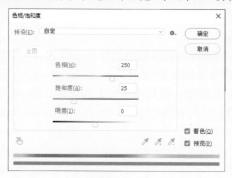

8.4.3　色彩平衡

　　【色彩平衡】命令是根据颜色的补色原理，控制图像颜色的分布。根据颜色之间的互补关系，要减少某种颜色就增加这种颜色的补色。因此，【色彩平衡】命令常用于偏色的校正。

扫一扫，看视频

❶ 打开一个图像文件，按 Ctrl+J 快捷键复制图像【背景】图层。选择【图像】|【调整】|【色彩平衡】命令，或按 Ctrl+B 快捷键，打开【色彩平衡】对话框。

❷ 首先确定需要处理的部分是阴影区域，或是中间调区域，还是高光区域，接着调整色彩滑块。

- 在【色彩平衡】选项组中，【色阶】数值框用于调整 RGB 到 CMYK 色彩模式间对应的色彩变化，其取值范围为 -100~100。用户也可以拖动数值框下方的颜色滑块来调整【青色—红色】【洋红—绿色】及【黄色—蓝色】在图像中所占的比例。
- 在【色调平衡】选项组中，可以选择【阴影】【中间调】和【高光】3 个色调调整范围。选择其中任意一个单选按钮后，可以对相应色调的颜色进行调整。
- 选中【保持明度】复选框，则可以在调整色彩时保持图像的明度不变。

● 8.4.4 黑白

使用【黑白】命令可将彩色图像转换为灰度图像，同时保持对各颜色的转换方式的完全控制。此外，使用该命令也可以为灰度图像着色，将彩色图像转换为单色图像。

❶ 打开一个图像文件，选择【图像】|【调整】|【黑白】命令，打开【黑白】对话框。Photoshop 会基于图像中的颜色混合执行默认的灰度转换。

❷ 在该对话框中的【预设】下拉列表中可以选择一个预设的调整设置。如果要存储当前的调整设置结果为预设，可以单击该选项右侧的【预设选项】按钮，在弹出的下拉菜单中选择【存储预设】命令。

提示：使用【黑白】命令着色图像

　　如果要对灰度应用色调，可选中【色调】复选框，然后调整【色相】和【饱和度】滑块。【色相】滑块可更改色调颜色，【饱和度】滑块可提高或降低颜色的集中度。单击颜色按钮可以打开【拾色器】对话框调整色调颜色。

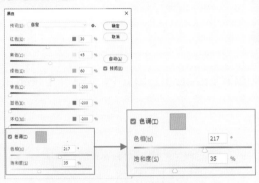

❸ 在【黑白】对话框中，单击【自动】按钮，可设置基于图像的颜色值的灰度混合，并使灰度值的分布最大化。【自动】混合通常会产生极佳的效果，并可以用作使用颜色滑块调整灰度值的起点。

❹ 在【黑白】对话框中，拖动各个颜色滑块可以调整图像中特定颜色的灰色调。

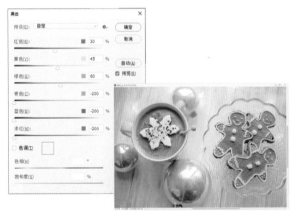

练一练　　制作高质感黑白图像

文件路径：第 8 章 \ 制作高质感黑白图像
难易程度：★☆☆☆☆
技术掌握：【黑白】命令

扫一扫，看视频

案例效果：

8.4.5　　照片滤镜

　　【照片滤镜】命令可以模拟通过彩色校正滤镜拍摄照片的效果。该命令允许用户选择预设的颜色或者自定义的颜色向图像应用色相调整。

❶ 打开一个图像文件，选择【图像】|【调整】|【照片滤镜】命令，打开【照片滤镜】对话框。

❷ 在该对话框的【滤镜】下拉列表中可以选择一种预设的效果应用到图像中，如选择【Deep Blue】，此时图像变为冷色调。

❸ 如果下拉列表中没有合适的颜色，也可以选择【颜色】单选按钮，然后单击右侧色板，打开【拾色器 (照片滤镜颜色)】对话框自定义合适的颜色。

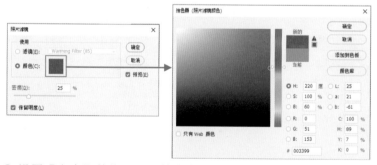

❹ 设置【密度】数值可以调整滤镜颜色应用到图像中的百分比。其数值越高，应用到图像中的颜色浓度就越高；其数值越小，应用到图像中的颜色浓度就越低。

8.4.6 通道混合器

【通道混合器】命令可以使用图像中现有（源）颜色通道的混合来修改目标（输出）颜色通道，从而控制单个通道的颜色量。利用该命令可以创建高品质的灰度图像，或者校正偏色图像，也可以对图像进行创造性的颜色调整。

❶ 打开一个图像文件，选择【图像】|【调整】|【通道混合器】命令，打开【通道混合器】对话框。选择的图像颜色模式不同，打开的【通道混合器】对话框也会略有不同。【通道混合器】命令只能用于 RGB 和 CMYK 模式的图像，并且在执行该命令之前，必须在【通道】面板中选择主通道，而不能选择分色通道。

扫一扫，看视频

🍂 【预设】：Photoshop 提供了 6 种制作黑白图像的预设效果。

(a) 红外线的黑白　　　(b) 使用蓝色滤镜的黑白　　　(c) 使用绿色滤镜的黑白

(d) 使用橙色滤镜的黑白　　　(e) 使用红色滤镜的黑白　　　(f) 使用黄色滤镜的黑白

🍂 【输出通道】：在该下拉列表中可以选择一种通道来对图像的色调进行调整。

🍂 【源通道】选项组：用来设置输出通道中源通道所占的百分比。将一个源通道的滑块向左拖动时，可减小该通道在输出通道中所占的百分比；向右拖动时，则增加百分比。

🍂 【总计】选项：显示了源通道的总计值。如果合并的通道值高于 100%，Photoshop 会在总计显示警告图标。

🍂 【常数】：用于调整输出通道的灰度值。如果常数设置的是负数，会增加更多的黑色；如果常数设置的是正数，会增加更多的白色。

🍂 【单色】：选中该复选框，可将彩色的图像变为无色彩的灰度图像。通过调整各个通道的数值，可以调整画面的黑白关系。

❷ 在该对话框中，设置【输出通道】为【红】，增大红色数值，然后设置【源通道】选项组中的【红色】【绿色】和【蓝色】数值。

❸ 在【常数】数值框中输入数值，调整通道的灰度值。

 提示：如何创建【通道混合器】预设

在【通道混合器】对话框中，单击【预设】选项右侧的【预设选项】按钮，在弹出的菜单中选择【存储预设】命令，打开【存储】对话框。在该对话框中，用户可以将当前自定义参数设置存储为 CHA 格式文件。当重新执行【通道混合器】命令时，可以从【预设】下拉列表中选择自定义参数设置。

练一练 解决图像偏色问题	案例效果：

文件路径：第 8 章 \ 解决图像偏色问题	
难易程度：★★☆☆☆	
技术掌握：【通道混合器】命令	扫一扫，看视频

● 8.4.7 　反相

【反相】命令用于产生原图像的负片。当使用此命令后，白色就变成了黑色，也就是像素值由 255 变成了 0，其他的像素点也取其对应值 (255- 原像素值 = 新像素值)。此命令在通道运算中经常被使用。选择【图像】|【调整】|【反相】命令，即可创建反相效果。

 提示：快速得到反向的蒙版

图层蒙版中以黑白关系控制图像的显示与隐藏，黑色为隐藏，白色为显示。如果想要快速对图层蒙版的黑白关系进行反向，可以选中图层的蒙版后，选择【图像】|【调整】|【反相】命令，即可将蒙版中的黑白颠倒。原本隐藏的部分显示出来，原本显示的部分被隐藏。

8.4.8　色调分离

【色调分离】命令可以通过为图像设定色调数目来减少图像的色彩数量。图像中多余的颜色会映射到最接近的匹配级别。

❶ 打开一个图像文件，选择【图像】|【调整】|【色调分离】命令，打开【色调分离】对话框。

❷ 在【色调分离】对话框中，可直接输入数值来定义色调分离的级数。设置的【色阶】数值越小，分离的色调越多；设置的【色阶】数值越大，保留的图像细节越多。

8.4.9　阈值

使用【阈值】命令可以将灰度或彩色图像转换为具有较高对比度的黑白图像。

❶ 打开一个图像文件，选择【图像】|【调整】|【阈值】命令，可以在其相应的对话框中设置阈值色阶，在转换过程中系统将所有比该阈值亮的像素转换为白色，将所有比该阈值暗的像素转换为黑色。

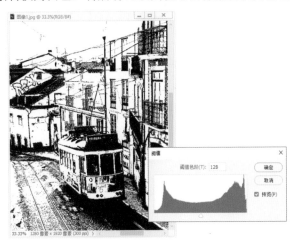

❷ 在【阈值】对话框中，设置【阈值色阶】可以指定一个色阶作为阈值，高于当前色阶的像素都将变为白色，低于当前色阶的像素都将变为黑色。

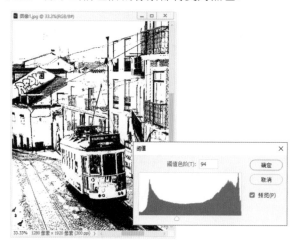
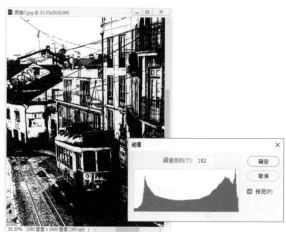

【渐变映射】命令用于将相等的图像灰度范围映射到指定的渐变填充色中。如果指定的是双色渐变填充，图像中的阴影会映射到渐变填充的一个端点颜色，高光则映射到另一个端点颜色，而中间调则映射到两个端点颜色之间的渐变。

❶ 打开一个图像文件，按 Ctrl+J 快捷键复制【背景】图层。选择【图像】|【调整】|【渐变映射】命令，打开【渐变映射】对话框。

❷ 通过单击渐变预览，打开【渐变编辑器】对话框，在该对话框中可以选择或重新编辑一种渐变应用到图像上。

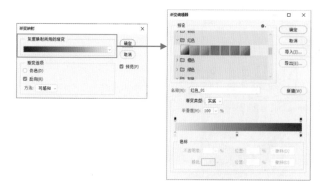

- 【仿色】：选中该复选框后，Photoshop 会添加一些随机的杂色来平滑渐变效果。
- 【反向】：选中该复选框后，可以反转渐变的填充方向，映射的渐变效果也会发生变化。

❸ 单击【渐变映射】对话框中的【确定】按钮，即可应用设置的渐变效果到图像中。渐变映射会改变图像色调的对比度。要避免出现这种情况，可以将应用【渐变映射】的图层混合模式设置为【颜色】，这样只改变图像的颜色，不会影响亮度；也可以将混合模式设置为其他选项，调整画面色调效果。

练一练	打造复古色调

案例效果：

文件路径：第 8 章 \ 打造复古色调	
难易程度：★☆☆☆☆	
技术掌握：【渐变映射】命令	扫一扫，看视频

8.4.11　可选颜色

【可选颜色】命令可以为图像中各个颜色通道增加或减少某种印刷色的成分含量。使用【可选颜色】命令可以有针对性地调整图像中某个颜色或校正色彩平衡等问题。

❶ 打开一个图像文件，选择【图像】|【调整】|【可选颜色】命令，打开【可选颜色】对话框。

❷ 在该对话框的【颜色】下拉列表中，可以选择所需调整的颜色。在该对话框的【颜色】下拉列表中选择【黄色】选项，设置【青色】数值为 -100%、【洋红】数值为 0%、【黄色】数值为 100%、【黑色】数值为 100%，然后单击【确定】按钮。

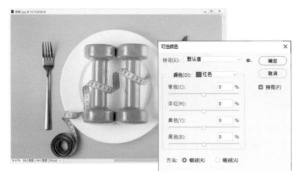 

提示：如何设置颜色的调整方式

【可选颜色】对话框中的【方法】选项用来设置颜色的调整方式。选择【相对】单选按钮，可按照总量的百分比修改现有的青色、洋红、黄色或黑色的含量；选择【绝对】单选按钮，则采用绝对值调整颜色。

练一练 制作电影色调	举一反三 制作季节变化效果
文件路径：第 8 章 \ 制作电影色调	文件路径：第 8 章 / 制作季节变化效果
难易程度：★★★☆☆	难易程度：★★☆☆☆
技术掌握：【可选颜色】命令	技术掌握：通道调色、【可选颜色】命令

 扫一扫，看视频

 扫一扫，看视频

案例效果：

案例效果：

8.4.12 使用 HDR 色调

【HDR 色调】命令常用于处理风景照片，可以增强画面亮部和暗部的细节和颜色感，使图像更具有视觉冲击力。

❶ 打开一个图像文件，选择【图像】|【调整】|【HDR 色调】命令，打开【HDR 色调】对话框。默认的参数增强了画面的细节感和颜色感。

❷ 在【预设】下拉列表中，选择预设效果可以快速为图像赋予该效果。预设效果虽然有很多种，但实际应用时会与预期有一定差距，所以可以先选择一个与预期效果接近的【预设】，然后适当修改下方的参数，以制作出合适的效果。

- 🔹 【半径】：边缘光是指图像中颜色交界处产生的发光效果。半径数值用于控制发光区域的宽度。
- 🔹 【强度】：用于控制发光区域的明亮程度。
- 🔹 【灰度系数】：用于控制图像的明暗对比。向左拖动滑块，数值变大，对比度增强；向右拖动滑块，数值变小，对比度减弱。

● 【曝光度】：用于控制图像明暗。数值越小，画面越暗；数值越大，画面越亮。

(a) 灰度系数：2　　　(b) 灰度系数：0.01　　　(a) 曝光度：-1　　　(b) 曝光度：+1

● 【细节】：增强或减弱像素对比度以实现柔化图像或锐化图像。数值越小，画面越柔和；数值越大，画面越锐利。

● 【阴影】：设置阴影区域的明暗。数值越小，阴影区域越暗；数值越大，阴影区域越亮。

● 【高光】：设置高光区域的明暗。数值越小，高光区域越暗；数值越大，高光区域越亮。

● 【自然饱和度】：控制图像中色彩的饱和程度，增大数值可使画面颜色感增强，但不会产生灰度图像和溢色。

● 【饱和度】：可用于增强或减弱图像颜色的饱和程度，数值越大，颜色纯度越高，数值为 -100% 时为灰度图像。

(a) 细节：-5　　　(b) 细节：+135　　　(a) 饱和度：-40　　　(b) 饱和度：+40

● 【色调曲线和直方图】：展开该选项组，可以进行【色调曲线】形态的调整，此选项与【曲线】命令的使用方法基本相同。

8.4.13　去色

选择【图像】|【调整】|【去色】命令，无须设置任何参数，可以直接将图像中的颜色饱和度降为 0，使其成为灰度图像。这个命令可保持原来的彩色模式，只是将彩色图像变为灰阶图。

● 8.4.14　匹配颜色

【匹配颜色】命令可以将一个图像(源图像)的颜色与另一个图像(目标图像)中的颜色相匹配,它比较适合使多个图像的颜色保持一致。此外,该命令还可以匹配多个图层和选区之间的颜色。

❶ 打开两个图像文件,图像1为目标文件,图像2为源文件。

(a) 图像1　　　　　　　　　　　　　　　　　(b) 图像2

❷ 选中图像1,选择【图像】|【调整】|【匹配颜色】命令,打开【匹配颜色】对话框。在【匹配颜色】对话框中,首先在【图像统计】选项组中设置源图像,在【源】下拉列表中选择图像2。

◖ 【使用源选区计算颜色】：可以使用源图像中的选区图像的颜色来计算匹配颜色。

◖ 【使用目标选区计算调整】：可以使用目标图像中的选区图像的颜色来计算匹配颜色(注意,这种情况必须选择源图像为目标图像)。

◖ 【源】：在此下拉列表中可以选取要将其颜色与目标图像中的颜色相匹配的源图像。

◖ 【图层】：在此下拉列表中可以从要匹配其颜色的源图像中选取图层。

❸ 接着可以对其参数进行设置,使用两幅图像进行匹配颜色操作后,可以产生不同的视觉效果。

◖ 【明亮度】：拖动此选项下方的滑块可以调节图像的亮度,设置的数值越大,得到的图像越亮,反之则越暗。

◖ 【颜色强度】：拖动此选项下方的滑块可以调节图像的颜色饱和度,设置的数值越大,得到的图像所匹配的颜色饱和度越大。

◖ 【渐隐】：拖动此选项下方的滑块可以设置匹配后图像和原图像的颜色相近程度,设置的数值越大,得到的图像效果越接近颜色匹配前的效果。

◖ 【中和】：选中此复选框,可以自动去除目标图像中的色痕。

8.4.15　替换颜色

使用【替换颜色】命令可以修改图像中选定颜色的色相、饱和度和明度，从而将选定的颜色替换为其他颜色。

❶ 打开一个图像文件，选择【图像】|【调整】|【替换颜色】命令，打开【替换颜色】对话框。

❷ 需要在画面中取样，设置需要替换的颜色。默认情况下，选择【吸管】工具，将光标移到需要替换颜色的位置并单击拾取颜色，此时缩览图中白色的区域代表被选中(也就是会被替换的部分)。在拾取颜色时，可以配合颜色容差值进行调整。

❸ 如果有未选中的区域，可以使用【添加到取样】按钮，在未选中的位置单击，直到需要替换颜色的区域全部被选中(在缩览图中变为白色)。

❹ 更改【色相】【饱和度】和【明度】选项来调整替换的颜色，替换后的颜色效果在【结果】色块中显示。

● 8.4.16　色调均化

【色调均化】命令可以将图像中全部像素的亮度值进行重新分布，使图像中最亮的像素变成白色，最暗的像素变成黑色，中间的像素均匀分布在整个灰度范围内。

选择需要处理的图像，选择【图像】|【调整】|【色调均化】命令，使图像均匀地呈现所有范围的亮度级。

如果图像中存在选区，选择【色调均化】命令时会打开【色调均化】对话框，用于设置色调均化的选项。如果只处理选区中的部分，则选中【仅色调均化所选区域】单选按钮。如果选中【基于所选区域色调均化整个图像】单选按钮，则可以按照选区内的像素明暗，均化整个图像。

第 9 章

图层混合与图层样式

本章内容简介

图层是 Photoshop 中承载设计元素的重要载体，通过调整图层的混合模式、不透明度，添加图层样式等操作，用户可以得到丰富多彩的图像效果。本章主要介绍 Photoshop 中图层的不透明度、混合模式、图层样式的应用等。

本章重点内容

- 掌握图层不透明度的设置
- 掌握图层混合模式的设置
- 掌握图层样式的使用方法

练一练 & 举一反三详解

9.1 设置图层透明效果

不透明度是指图层内容的透明程度。这里的图层内容包括图层中所承载的图像和形状、添加的效果、填充的颜色和图案等。不透明度设置还可以应用于除【背景】图层以外的所有类型的图层，包括调整图层、3D 和视频等特殊图层。

9.1.1 设置【不透明度】

从应用角度看，不透明度主要用于混合图像、调整色彩的显现程度、调整工具效果的透明程度。当图层的不透明度为 100% 时，图层内容完全显示；低于该值时，图层内容会呈现一定的透明效果，这时，位于其下方图层中的内容就会显现出来。图层的不透明度越低，下方的图层内容就越清晰。如果将不透明度调整为 0，图层内容就完全透明了，此时下方图层内容完全显现。

在色彩方面，如果使用【填充】命令、【描边】命令、【渐变】工具和【油漆桶】工具进行填色、描边等操作时，可以通过【不透明度】选项设置颜色的透明程度；如果使用调整图层进行颜色和色调的调整，则可以通过【图层】面板中的【不透明度】选项调整强度。

提示：如何快速设置不透明度

使用【画笔】工具，图章类、橡皮擦类等绘画和修复工具时，也可以在选项栏中设置不透明度。按下键盘中的数字键即可快速修改图层的不透明度。例如，按下 5，不透明度会变为 50%；按下 0，不透明度会恢复为 100%。

9.1.2 设置【填充】

不透明度的调节选项除了【不透明度】以外，还有【填充】选项。【填充】只影响图层中绘制的像素和形状的不透明度，不会影响图层样式的不透明度。当调整【不透明度】时，会对当前图层中的所有内容产生影响，包括填充、描边和图层样式等；调整【填充】时，只有填充变得透明，描边和图层样式效果都会保持原样。

 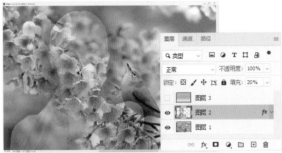

9.2　设置图层混合效果

混合模式是 Photoshop 的一个非常重要的功能，它不仅在图层中可以使用，而且在绘图工具、修饰工具、颜色填充中都可以使用。图层的混合模式是指当图像叠加时，上方图层和下方图层的像素进行混合，从而得到另外一种图像效果，且不会对图像造成任何的破坏。图层混合模式再结合对图层不透明度的设置，可以控制图层混合后显示的深浅程度，常用于合成和特效制作中。

9.2.1　设置【混合模式】

设置图层的混合模式，需要在【图层】面板中进行。当文档中存在两个或两个以上的图层时，单击选中图层 (背景图层以及锁定全部的图层无法设置混合模式)，然后打开【混合模式】下拉列表，从中选择一种混合模式，当前画面随即发生变化。

9.2.2　【组合】模式组

【组合】模式组中包括两种模式：【正常】和【溶解】。默认情况下，新建的图层或置入的图像混合模式均为【正常】。

- 💧 【正常】模式：Photoshop 的默认模式，使用时不产生任何特殊效果。
- 💧 【溶解】模式：使用该模式会使图像中透明区域的像素产生离散效果。在降低图层的【不透明度】或【填充】数值时，效果更加明显。这两个参数的数值越低，像素离散效果越明显。

(a) 正常　　　　　　　　　　　　　　　(b) 溶解

● 9.2.3　【加深】模式组

【加深】模式组中包含 5 种混合模式，这些混合模式可以使当前图层的白色像素被下层较暗的像素替代，使图像产生变暗效果。

● 【变暗】模式：选择此模式，在绘制图像时，软件将取两种颜色的暗色作为最终色，亮于底色的颜色将被替换，暗于底色的颜色保持不变。

● 【正片叠底】模式：选择此模式，可以产生比底色与绘制色都暗的颜色，可以用来制作阴影效果。

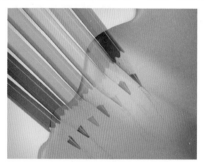 

(a) 变暗　　　　　　　　　　　　　　　(b) 正片叠底

● 【颜色加深】模式：选择此模式，可以使图像色彩加深，亮度降低。

● 【线性加深】模式：选择此模式，系统会通过降低图像画面亮度使底色变暗，从而反映绘制的颜色。当与白色混合时，将不发生变化。

● 【深色】模式：选择此模式，系统将从底色和混合色中选择最小的通道值来创建结果颜色。

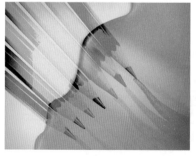  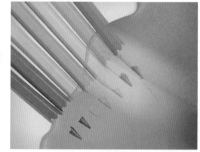

(a) 颜色加深　　　　　　　　　(b) 线性加深　　　　　　　　　(c) 深色

9.2.4　【减淡】模式组

【减淡】模式组包含 5 种混合模式。这些模式会使图像中黑色的像素被较亮的像素替换，而任何比黑色亮的像素都可能提亮下层图像。因此【减淡】模式组中的混合模式会使图像变亮。

- 【变亮】模式：这种模式只有在当前颜色比底色深的情况下才起作用，底图的浅色将覆盖绘制的深色。
- 【滤色】模式：此模式与【正片叠底】模式的功能相反，通常这种模式的颜色都较浅。任何颜色的底色与绘制的黑色混合，原颜色都不受影响；与绘制的白色混合将得到白色；与绘制的其他颜色混合将得到漂白效果。
- 【颜色减淡】模式：选择此模式，将通过降低对比度，使底色的颜色变亮来反映绘制的颜色，与黑色混合没有变化。
- 【线性减淡 (添加)】模式：选择此模式，将通过增加亮度使底色的颜色变亮来反映绘制的颜色，与黑色混合没有变化。
- 【浅色】模式：选择此模式，系统将从底色和混合色中选择最大的通道值来创建结果颜色。

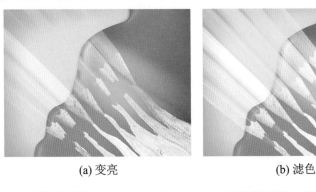

(a) 变亮　　　　　　　　　　　　　(b) 滤色

(c) 颜色减淡　　　　　　(d) 线性减淡 (添加)　　　　　　(e) 浅色

9.2.5　【对比】模式组

【对比】模式组包括 7 种模式，使用这些混合模式可以使图像中 50% 的灰色完全消失，亮度值高于 50% 灰色的像素使下层图像变亮，亮度值低于 50% 灰色的像素则使下层图像变暗，以此加强图像的明暗差异。

- 【叠加】模式：选择此模式，使图案或颜色在现有像素上叠加，同时保留基色的明暗对比。
- 【柔光】模式：选择此模式，系统将根据绘制色的明暗程度来决定最终是变亮还是变暗。当绘制的颜色比 50% 的灰色暗时，通过增加对比度使图像变暗。
- 【强光】模式：选择此模式，系统将根据混合颜色决定执行正片叠底还是过滤。当绘制的颜色比 50% 的灰色亮时，底色图像变亮；当比 50% 的灰色暗时，底色图像变暗。
- 【亮光】模式：选择此模式，可以使混合后的颜色更加饱和。如果当前图层中的像素比 50% 的灰色亮，则通过减小对比度的方式使图像变亮；如果当前图层中的像素比 50% 的灰色暗，则通过增加对比度的方式使图像变暗。

- 【线性光】模式：选择此模式，可以使图像产生更高的对比度。如果当前图层中的像素比50%的灰色亮，则通过增加亮度使图像变亮；如果当前图层中的像素比50%的灰色暗，则通过减小亮度使图像变暗。

- 【点光】模式：选择此模式，系统将根据绘制色来替换颜色。当绘制的颜色比50%的灰色亮时，则比绘制色暗的像素被替换，但比绘制色亮的像素不被替换；当绘制的颜色比50%的灰色暗时，比绘制色亮的像素被替换，但比绘制色暗的像素不被替换。

- 【实色混合】模式：选择此模式，将混合颜色的红色、绿色和蓝色通道数值添加到底色的RGB值。如果通道计算的结果总和大于或等于255，则RGB值为255；如果小于255，则RGB值为0。

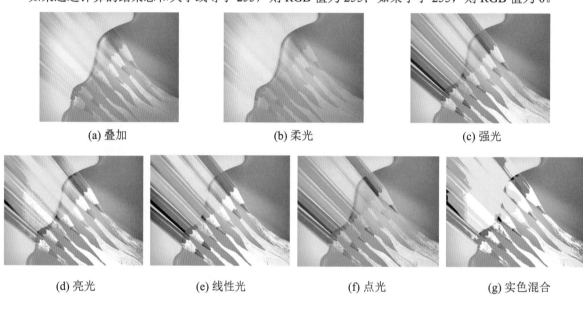

(a) 叠加 (b) 柔光 (c) 强光

(d) 亮光 (e) 线性光 (f) 点光 (g) 实色混合

● 9.2.6 【比较】模式组

　　【比较】模式组包含4种模式，这些混合模式可以对比当前图像与下层图像的颜色差别，将颜色相同的区域显示为黑色，不同的区域显示为灰色或彩色。如果当前图层中包含白色，那么白色区域会使下层图像反相，而黑色不会对下层图像产生影响。

- 【差值】模式：选择此模式，系统将用图像画面中较亮的像素值减去较暗的像素值，其差值作为最终的像素值。当与白色混合时将反转基色值，而与黑色混合则不产生任何变化。

- 【排除】模式：选择此模式，可生成与【差值】模式相似的效果，但比【差值】模式生成的颜色对比度要小，因而颜色较柔和。

- 【减去】模式：选择此模式，系统将从目标通道中相应的像素上减去源通道中的像素值。

- 【划分】模式：选择此模式，系统将比较每个通道中的颜色信息，然后从底层图像中划分上层图像。

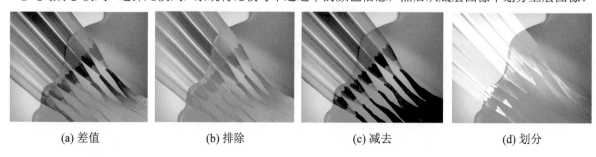

(a) 差值 (b) 排除 (c) 减去 (d) 划分

9.2.7 【色彩】模式组

【色彩】模式组包括4种混合模式,这些混合模式会自动识别图像的颜色属性(色相、饱和度和亮度),然后再将其中的一种或两种应用在混合后的图像中。

- 【色相】模式:选择此模式,系统将采用底色的亮度与饱和度,以及绘制色的色相来创建最终颜色。
- 【饱和度】模式:选择此模式,系统将采用底色的亮度和色相,以及绘制色的饱和度来创建最终颜色。
- 【颜色】模式:选择此模式,系统将采用底色的亮度,以及绘制色的色相、饱和度来创建最终颜色。
- 【明度】模式:选择此模式,系统将采用底色的色相、饱和度,以及绘制色的明度来创建最终颜色。此模式实现效果与【颜色】模式相反。

(a) 色相　　　　　　(b) 饱和度　　　　　　(c) 颜色　　　　　　(d) 明度

提示:特殊的混合模式

【背后】和【清除】模式是绘画工具、【填充】和【描边】命令特有的混合模式。使用形状工具时,如果在选项栏中选择【像素】工具模式,则【模式】下拉列表中也包含这两种模式。【背后】模式仅在图层的透明部分编辑或绘画,不会影响图层中原有的图像。【清除】模式与橡皮擦工具的作用类似,在该模式下,工具或命令的不透明度决定了像素是否被完全清除,当不透明度为100%时,可以完全清除像素;不透明度小于100%时,则部分清除像素。

练一练　　制作双重曝光效果

文件路径:第9章\制作双重曝光效果
难易程度:★★☆☆☆
技术掌握:通道抠图、图层混合模式

扫一扫,看视频

案例效果:

举一反三 制作化妆品广告

文件路径：第9章 \ 制作化妆品广告	
难易程度：★★★☆☆	
技术掌握：图层混合模式、图层样式应用	

扫一扫，看视频

案例效果：

9.3 为图层添加样式

图层样式也称为图层效果，它用于创建图像特效。图层样式可以随时被修改、隐藏或删除，具有较强的灵活性。

9.3.1 使用预设图层样式

在 Photoshop 中，用户可以通过【样式】面板对图像或文字快速应用预设的图层样式效果，并且可以对预设样式进行编辑处理。【样式】面板用来保存、管理和应用图层样式。用户也可以将 Photoshop 提供的预设样式库或外部样式库载入该面板中。选择【窗口】|【样式】命令，可以打开【样式】面板。

扫一扫，看视频

❶ 打开一个图像文件，在【图层】面板中，选中需要添加样式的图层。选择【窗口】|【样式】命令，打开【样式】面板。

❷ 在【样式】面板中，包含了 4 组样式。单击样式组名称前的 > 按钮，展开样式组。单击样式组中的样式，即可为图层添加该样式。

❸ 如果在【样式】面板中没有找到所需的预设样式，可以单击面板菜单按钮，在弹出的快捷菜单中选择【旧版样式及其他】命令，载入 Photoshop 之前版本所包含的预设样式，然后从中选择所需要的预设样式。

提示：添加预设样式

要添加预设样式，首先选择一个图层，然后单击【样式】面板中的一个样式，即可为所选图层添加样式。用户也可以打开【图层样式】对话框，在左侧的列表中选择【样式】选项，再从右侧的窗格中选择预设的图层样式，然后单击【确定】按钮。

● 9.3.2　添加自定义图层样式

❶ 如果要为图层添加自定义图层样式，可以选中该图层，然后使用下面任意一种方法打开【图层样式】对话框。【背景】图层不能添加图层样式。如果要为【背景】图层添加样式，需要先将其转换为普通图层。

扫一扫，看视频

- 选择【图层】|【图层样式】菜单下的子命令，可打开【图层样式】对话框，并进入相应效果的设置面板。
- 单击【图层】面板底部的【添加图层样式】按钮，在弹出的菜单中选择一种样式，也可以打开【图层样式】对话框，并进入相应效果的设置面板。
- 双击需要添加样式的图层，打开【图层样式】对话框，在对话框左侧选择要添加的效果，即可切换到该效果的设置面板。

❷ 【图层样式】对话框左侧区域为图层样式列表，在某一项样式前单击，样式名称前的复选框内有☑标记，表示在图像中添加了该样式。接着单击样式的名称，才能进入该样式的参数设置界面。

❸ 对一个图层可以添加多个图层样式，在左侧图层样式列表中可以单击多个图层样式的名称，即可启用图层样式。

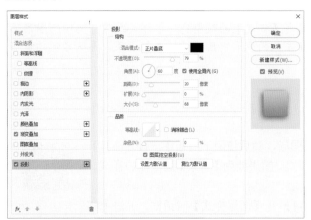 

❹ 有的图层样式名称右侧带有➕图标，表明该样式可以被多次添加。如单击【描边】样式右侧的➕图标，在图层样式列表中出现了另一个【描边】样式，设置不同的描边大小和颜色，此时该图层出现了两层描边。

 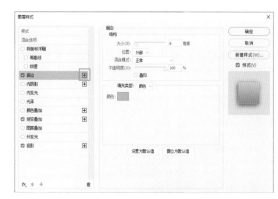

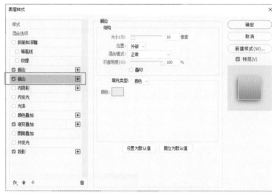 

❺ 图层样式也会按照上下堆叠的顺序显示，上方的样式会遮挡下方的样式。在图层样式列表中可以对多个相同样式的上下排列顺序进行调整。单击图层样式列表底部的【向上移动效果】按钮 ↑，可以将该样式向上移动一层，单击【向下移动效果】按钮 ↓，可以将该样式向下移动一层。添加图层样式后，【图层】面板中的图层右侧会显示一个图层样式标志 fx。单击该标志右侧的 ▼ 按钮可折叠或展开样式列表。

9.3.3　使用混合选项

　　默认情况下，在打开的【图层样式】对话框中显示【混合选项】设置。在其中，用户可以对一些常见的选项，如混合模式、不透明度、混合颜色带等参数进行设置。使用混合选项只能隐藏像素，而不是真正删除像素。重新打开【图层样式】对话框后，将参数滑块拖回起始位置，便可以将隐藏的像素显示出来。

❶ 打开一个图像文件，双击文字图层，打开【图层样式】对话框。

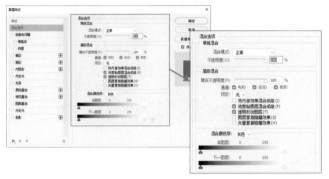

❷ 在【混合选项】设置中，【常规混合】选项组中的【混合模式】和【不透明度】选项的作用与【图层】面板中的作用相同。

❸ 单击【混合颜色带】下拉按钮，从弹出的下拉列表中选择【蓝】选项，然后按住 Alt 键向右拖动【下一图层】滑竿黑色滑块的右半部分，按 Alt 键向左拖动右侧白色滑块的左半部分。

- 【混合模式】下拉列表：在该下拉列表中选择一个选项，即可使当前图层按照选择的混合模式与图像下层图层叠加在一起。
- 【不透明度】数值框：通过拖动滑块或直接在数值框中输入数值，设置当前图层的不透明度。
- 【填充不透明度】数值框：通过拖动滑块或直接在数值框中输入数值，设置当前图层的填充不透明度。填充不透明度将影响图层中绘制的像素或图层中绘制的形状，但不影响已经应用于图层的任何图层效果的不透明度。
- 【通道】复选框：通过选中不同通道的复选框，可以显示出不同的通道效果。
- 【挖空】选项组：用于指定图像中哪些图层是穿透的，从而使其从其他图层的内容中显示出来。
- 【混合颜色带】选项用来控制当前图层与其下面的图层混合时，在混合结果中显示哪些像素。单击【混合颜色带】右侧的下拉按钮，在打开的下拉列表中选择不同的颜色选项，然后通过拖动下方的滑块，可调整当前图层对象的相应颜色。
- 【本图层】是指当前正在处理的图层，拖动本图层滑块，可以隐藏当前图层中的像素，显示下面图层中的图像。将左侧黑色滑块向右拖动时，当前图层中所有比该滑块所在位置暗的像素都会被隐藏；将右侧的白色滑块向左拖动时，当前图层中所有比该滑块所在位置亮的像素都会被隐藏。
- 【下一图层】是指当前图层下面的一个图层。拖动【下一图层】中的滑块，可以使下面图层中的像素穿透当前图层显示出来。将左侧黑色滑块向右拖动时，可显示下面图层中较暗的像素；将右侧的白色滑块向左拖动时，则可显示下面图层中较亮的像素。

练一练 添加闪电效果

| 文件路径：第 9 章 \ 添加闪电效果 |
| 难易程度：★★☆☆☆ |
| 技术掌握：图层混合选项 |

扫一扫，看视频

案例效果：

9.3.4 斜面和浮雕

【斜面和浮雕】样式主要通过为图层添加高光与阴影，使图像产生立体感，常用于制作立体感的文字或带有厚重感的对象效果。在【斜面和浮雕】样式中包含多种凸起效果，如【外斜面】【内斜面】【浮雕效果】【枕状浮雕】和【描边浮雕】。

选中图层，选择【图层】|【图层样式】|【斜面和浮雕】命令，打开【斜面和浮雕】参数设置面板进行设置，所选图层会产生凸起效果。

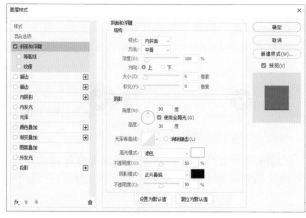 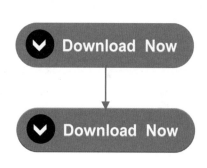

- 【样式】：从下拉列表中选择斜面和浮雕的样式，其中包括【外斜面】【内斜面】【浮雕效果】【枕状浮雕】【描边浮雕】选项。

(a) 外斜面   (b) 内斜面   (c) 浮雕效果

(d) 枕状浮雕   (e) 描边浮雕

- 【方法】：用来选择创建浮雕的方法。选择【平滑】可以得到比较柔和的边缘；选择【雕刻清晰】可以得到最精确的浮雕边缘；选择【雕刻柔和】可以得到中等水平的浮雕效果。

(a) 平滑　　　　　　　　(b) 雕刻清晰　　　　　　　(c) 雕刻柔和

- 【深度】：用来设置浮雕斜面的应用深度。该值越大，浮雕的立体感越强。
- 【方向】：用来设置高光和阴影的位置。该选项与光源的角度有光。

(a) 深度：25%　　　(b) 深度：50%　　　(a) 方向：上　　　(b) 方向：下

- 【大小】：用来设置斜面和浮雕的阴影面积的大小。
- 【软化】：用来设置斜面和浮雕的平滑程度。

(a) 大小：120 像素　(b) 大小：10 像素　(a) 软化：16 像素　(b) 软化：30 像素

- 【角度】：用来设置光源的发光角度。
- 【高度】：用来设置光源的高度。
- 【使用全局光】：选中该复选框，则所有浮雕样式的光照角度都将保持在同一个方向。
- 【光泽等高线】：选择不同的等高线样式，可以为斜面和浮雕的表面添加不同的光泽质感，也可以编辑等高线样式。

(a) 角度：25°　　(b) 角度：153°　　(a) 光泽等高线：锥形　(b) 光泽等高线：锯齿 1

- 【消除锯齿】：当设置了光泽等高线时，斜面边缘可能会产生锯齿，选中该复选框可以消除锯齿。
- 【高光模式 / 不透明度】：这两个选项用来设置高光的混合模式和不透明度，右侧的色块用于设置高光的颜色。
- 【阴影模式 / 不透明度】：这两个选项用来设置阴影的混合模式和不透明度，右侧的色块用于设置阴影的颜色。

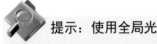 提示：使用全局光

　　在【图层样式】对话框中，【投影】【内阴影】和【斜面和浮雕】样式都包含了一个【使用全局光】选项，选择该选项后，以上样式将使用相同角度的光源。如果要调整全局光的角度和高度，可选择【图层】|【图层样式】|【全局光】命令，打开【全局光】对话框进行设置。

　　在【斜面和浮雕】样式下方还有另外两个样式：【等高线】和【纹理】。

1. 等高线

选中【斜面和浮雕】样式下方的【等高线】复选框，切换到【等高线】设置选项。

使用【等高线】可以控制效果在指定范围内的起伏效果，以模拟不同的材质。在【图层样式】对话框中，除【斜面和浮雕】样式外，【内阴影】【内发光】【光泽】【外发光】和【投影】样式都包含等高线设置选项。单击【等高线】选项右侧的按钮，可以在打开的下拉面板中选择预设的等高线样式。如果单击等高线缩览图，则可以打开【等高线编辑器】对话框。【等高线编辑器】对话框的使用方法与【曲线】对话框的使用方法非常相似，用户可以通过添加、删除和移动控制点来修改等高线的形状，从而影响图层样式的外观。

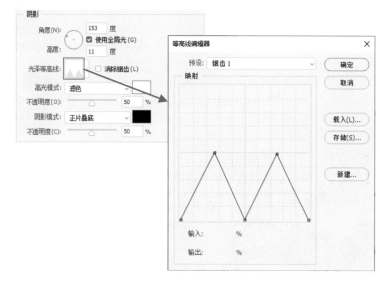

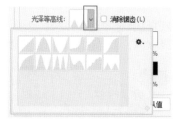

2. 纹理

选中图层样式列表中的【纹理】复选框，启用该样式，单击并切换到【纹理】设置选项。【纹理】样式可以为图层表面模拟肌理效果。

- 【图案】：单击【图案】，可以在弹出的【图案】拾色器中选择一个图案，并将其应用到斜面和浮雕上。
- 【从当前图案创建新的预设】：单击该按钮，可以将当前设置的图案创建为一个新的预设图案，同时新图案会保存在【图案】拾色器中。

- 【贴紧原点】：将原点对齐图层或文档的左上角。
- 【缩放】：用来设置图案的大小。
- 【深度】：用来设置图案纹理的使用程度。
- 【反相】：选中该复选框后，可以反转图案纹理的凹凸方向。
- 【与图层链接】：选中该复选框后，可以将图案和图层链接在一起，这样在对图层进行变换操作时，图案会随之变换。

9.3.5　描边

使用【描边】样式能够在图层的边缘处添加纯色、渐变色及图案。通过参数设置可以使描边处于图层边缘以内的部分、图层边缘以外的部分，或者使描边出现在图层边缘的两侧。选中图层，选择【图层】|【图层样式】|【描边】命令，在打开的【描边】设置选项中可以对描边大小、位置、混合模式、不透明度、填充类型及填充内容进行设置。

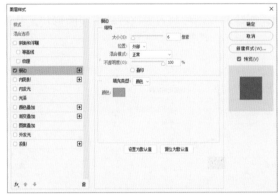

- 【大小】：用于设置描边的粗细，数值越大，描边越粗。
- 【位置】：用于设置描边与对象边缘的相对位置。选择【外部】，描边位于对象边缘以外；选择【内部】，描边位于对象边缘以内；选择【居中】，描边一半位于对象边缘以内，一半位于对象边缘以外。

(a) 外部　　　　　　　　　　(b) 内部　　　　　　　　　　(c) 居中

- 【混合模式】：用于设置描边内容与底部图层或本图层的混合方式。
- 【不透明度】：用于设置描边的不透明度，数值越小，描边越透明。
- 【叠印】：选中该复选框，描边的不透明度和混合模式会应用于原图层内容表面。
- 【填充类型】：在下拉列表中可以选择描边的类型，包括【渐变】【颜色】【图案】。选择不同的方式，下方的参数设置也不同。
- 【颜色】：当填充类型为【颜色】时，可以在此处设置描边的颜色。

9.3.6　内阴影

使用【内阴影】样式可以在图层中的图像边缘内部添加投影效果，使图像产生立体和凹陷的外观效果。选中图层，选择【图层】|【图层样式】|【内阴影】命令，在打开的【内阴影】设置选项中可以对内阴影的结构及品质进行设置。

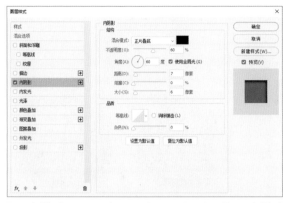

- 🌓【混合模式】：用来设置内阴影与图层的混合模式，默认设置为【正片叠底】模式。
- 🌓【阴影颜色】：单击【混合模式】选项右侧的色块，可以设置内阴影的颜色。
- 🌓【不透明度】：设置内阴影的不透明度，数值越小，内阴影越淡。
- 🌓【角度】：用来设置内阴影应用于图层时的光照角度，指针方向为光源方向，相反方向为投影方向。
- 🌓【使用全局光】：当选中该复选框，可以保持所有光照的角度一致；取消选中该复选框，可以为不同的图层分别设置光照角度。
- 🌓【距离】：用来设置内阴影偏移图层内容的距离。
- 🌓【阻塞】：用来在模糊或清晰之前收缩内阴影的边界。【大小】选项与【阻塞】选项是互相关联的，【大小】数值越高，可设置的【阻塞】范围就越大。
- 🌓【大小】：用来设置投影的模糊范围，数值越大，模糊范围越广，反之内阴影越清晰。
- 🌓【等高线】：调整曲线的形状来控制内阴影的形状，可以手动调整曲线形状，也可以选择内置的等高线预设。
- 🌓【消除锯齿】：混合等高线边缘的像素，使投影更加平滑。该选项对于尺寸较小且具有复杂等高线的内阴影比较实用。
- 🌓【杂色】：用来在投影中添加杂色的颗粒感效果，数值越大，颗粒感越强。

● 9.3.7　内发光

使用【内发光】样式可以沿图层内容的边缘向内创建发光效果。选中图层，选择【图层】|【图层样式】|【内发光】命令，在打开的【内发光】设置选项中可以对内发光的结构、图素及品质进行设置。

- 🌓【混合模式】：设置发光效果与下面图层的混合方式。
- 🌓【不透明度】：设置发光效果的不透明度。
- 🌓【杂色】：在发光效果中添加随机的杂色效果，使光晕产生颗粒感。
- 🌓【发光颜色】：单击【杂色】选项下面的色板，可以设置发光颜色；单击色板右侧的渐变条，可以在打开的【渐变编辑器】对话框中选择或编辑渐变色。
- 🌓【方法】：用来设置发光的方式。选择【柔和】选项，发光效果比较柔和；选择【精确】选项，可以得到精确的发光边缘。
- 🌓【源】：控制光源的位置。
- 🌓【阻塞】：用来在模糊或清晰之前收缩内发光的边界。
- 🌓【大小】：设置光晕范围的大小。
- 🌓【等高线】：使用等高线可以控制发光的形状。
- 🌓【范围】：控制发光中作为等高线目标的部分或范围。
- 🌓【抖动】：改变渐变的颜色和不透明度的应用。

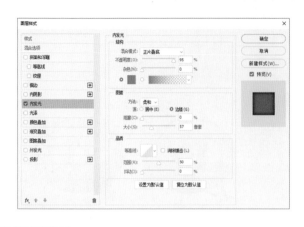

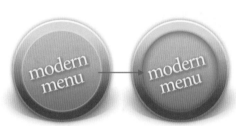

● 9.3.8　光泽

使用【光泽】样式可以为图层添加受到光线照射后表面产生的映射效果。【光泽】样式通常用来制作具有光泽质感的按钮和金属。选中图层，选择【图层】|【图层样式】|【光泽】命令，在打开的【光泽】设置选项中可以对光泽的颜色、混合模式、不透明度、角度、距离、大小、等高线进行设置。

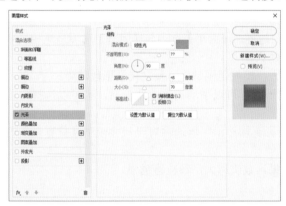

● 9.3.9　颜色叠加

使用【颜色叠加】样式可以在图层上叠加指定的颜色，通过设置颜色的混合模式和不透明度来控制叠加的颜色效果，以达到更改图层内容颜色的目的。选中图层，选择【图层】|【图层样式】|【颜色叠加】命令，在打开的【颜色叠加】设置选项中通过调整颜色的混合模式与不透明度来调整该图层的效果。

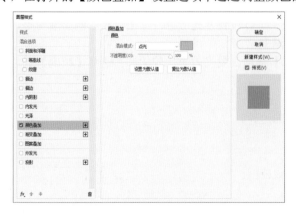

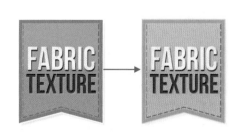

9.3.10　渐变叠加

使用【渐变叠加】样式可以在图层内容上叠加指定的渐变颜色。选中图层，选择【图层】|【图层样式】|【渐变叠加】命令，在打开的【渐变叠加】设置选项中可以编辑任意的渐变颜色，然后通过设置渐变的混合模式、不透明度、样式、角度和缩放等参数控制叠加的渐变颜色效果。

9.3.11　图案叠加

使用【图案叠加】样式可以在图层内容上叠加图案效果。选中图层，选择【图层】|【图层样式】|【图案叠加】命令，在打开的【图案叠加】设置选项中可以选择 Photoshop 预设的多种图案，然后缩放图案，设置图案的不透明度和混合模式，制作出特殊质感的效果。

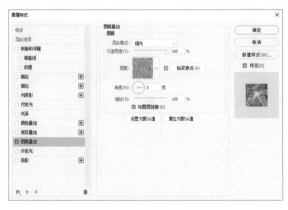

9.3.12　外发光

【外发光】样式与【内发光】样式非常相似，使用【外发光】样式可以沿图层内容的边缘向外创建发光效果。选中图层，选择【图层】|【图层样式】|【外发光】命令，在打开的【外发光】设置选项中可以对外发光的结构、图素及品质进行设置。【外发光】样式可用于制作自发光效果，以及人像或其他对象的光晕效果。

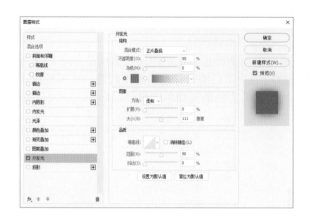

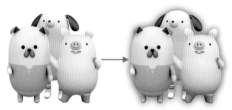

● 9.3.13　投影

使用【投影】样式可以为图层内容边缘外侧添加阴影效果，并控制阴影的颜色、大小和方向等，让图像效果更具立体感。选择【图层】|【图层样式】|【阴影】命令，在打开的【阴影】设置选项中通过设置参数来增加图层的层次感及立体感。

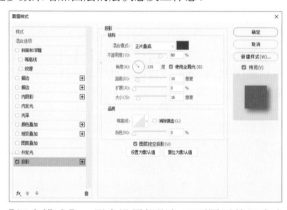

- **【混合模式】**：用来设置投影与下面图层的混合方式，默认设置为【正片叠底】模式。
- **【阴影颜色】**：单击【混合模式】选项右侧的色块，可以设置阴影的颜色。
- **【不透明度】**：设置投影的不透明度。其数值越小，投影越淡。
- **【角度】**：用来设置投影应用于图层时的光照角度。指针方向为光源方向，相反方向为投影方向。
- **【使用全局光】**：当选中该复选框时，可以保持所有光照的角度一致；取消选中该复选框时，可以为不同的图层分别设置光照角度。
- **【距离】**：用来设置投影偏移图层内容的距离。
- **【扩展】**：用来设置投影的扩展范围。该值受到【大小】选项的影响。
- **【大小】**：用来设置投影的模糊范围，该值越高，模糊范围越广，反之投影越清晰。
- **【等高线】**：以调整曲线的形状来控制投影的形状，可以手动调整曲线形状，也可以选择内置的等高线预设。
- **【消除锯齿】**：混合等高线边缘的像素，使投影更加平滑。该选项对于尺寸较小且具有复杂等高线的投影比较实用。
- **【杂色】**：用来在投影中添加杂色的颗粒感效果，其数值越大，颗粒感越强。
- **【图层挖空投影】**：用来控制半透明图层中投影的可见性。选中该复选框后，如果当前图层的【填充】数值小于 100%，则半透明图层中的投影不可见。

练一练　制作糖果字效果

文件路径：第 9 章 \ 制作糖果字效果

难易程度：★★★☆☆

技术掌握：图层样式

扫一扫，看视频

案例效果：

 举一反三　制作立体按钮效果

文件路径：第 9 章 \ 制作立体按钮效果

难易程度：★★★☆☆

技术掌握：图层样式、图层混合模式

扫一扫，看视频

案例效果：

9.3.14　新建样式

图层样式是设计工作中常用的一项功能。我们可以将常用的样式存储到【样式】面板中，以供调用。

❶ 在【图层】面板中选择一个带有图层样式的图层后，单击【样式】面板底部的【创建新样式】按钮。

扫一扫，看视频

❷ 在弹出的【新建样式】对话框中为样式设置一个名称，单击【确定】按钮后，新建的样式会保存在【样式】面板的末尾。

- 【名称】文本框：该文本框用来设置样式的名称。
- 【包含图层效果】复选框：选中该复选框，可以将当前的图层效果设置为样式。
- 【包含图层混合选项】复选框：如果当前图层设置了混合模式，选中该复选框，新建的样式将具有这种混合模式。

③ 要删除样式，只需将样式拖到【样式】面板底部的【删除样式】按钮上即可，也可以在【样式】面板中右击样式，在弹出的快捷菜单中选择【删除样式】命令，在打开的提示对话框中单击【确定】按钮。

9.3.15　编辑已添加的图层样式

图层样式的运用非常灵活，用户可以随时修改效果的参数，隐藏效果，或者删除效果，这些操作都不会对图层中的图像造成任何破坏。

1. 显示、隐藏图层样式

如果要隐藏一个效果，可以单击该效果名称前的可见图标👁；如果要隐藏一个图层中的所有效果，可单击该图层【效果】前的可见图标👁；如果要隐藏文档中的所有图层效果，可以选择【图层】|【图层样式】|【隐藏所有效果】命令。隐藏效果后，在原可见图标位置处单击，可以重新显示效果。

2. 修改图层样式参数

在【图层】面板中双击一个效果的名称，可以打开【图层样式】对话框并进入该效果的设置面板。此时用户可以修改效果的参数，修改完成后，单击【确定】按钮，可以将修改后的效果应用于图像。

3. 复制、粘贴图层样式

当需要对多个图层应用相同的样式效果时，复制和粘贴样式是最便捷的方法。

❶打开一个图像文件，在【图层】面板中，选择添加了图层样式的图层，选择【图层】|【图层样式】|【拷贝图层样式】命令复制图层样式；或直接在【图层】面板中，右击添加了图层样式的图层，在弹出的快捷菜单中选择【拷贝图层样式】命令复制图层样式。

扫一扫，看视频

❷在【图层】面板中选择目标图层，然后选择【图层】|【图层样式】|【粘贴图层样式】命令，或直接在【图层】面板中右击图层，在弹出的快捷菜单中选择【粘贴图层样式】命令，可以将复制的图层样式粘贴到该图层中。用户也可以按住 Alt 键将效果图标从一个图层拖到另一个图层，这样可以将该图层的所有效果都复制到目标图层。如果只需复制一个效果，可按住 Alt 键拖动该效果的名称至目标图层。如果没有按住 Alt 键，则可以将效果移到目标图层。

4. 缩放图层样式

通过使用缩放效果，用户可以将图层样式中的效果缩放，而不会缩放应用图层样式的对象。选择【图层】|【图层样式】|【缩放效果】命令，即可打开【缩放图层效果】对话框。

❶打开一个图像文件，并在【图层】面板中选中需要添加样式的图层。在【样式】面板中，选择预设样式或导入的外部样式。

扫一扫，看视频

❷ 预设样式常与编辑的图像尺寸不相匹配，此时可以选择【图层】|【图层样式】|【缩放效果】命令，在弹出的对话框中进行调整。

5. 清除图层样式

如果要清除一种图层样式，将其拖至【删除图层】按钮 🗑 上即可；如果要删除一个图层的所有样式，可以将图层效果名称拖至【删除图层】按钮 🗑 上，也可以选择样式所在的图层，然后选择【图层】|【图层样式】|【清除图层样式】命令。

6. 载入样式库

在【样式】面板菜单中选择【导入样式】命令，在打开的【载入】对话框中，选择外部样式库，单击【载入】按钮即可载入外部样式库。

扫一扫，看视频

❶ 在打开的【载入】对话框中，选中需要载入的样式库，然后单击【载入】按钮。

❷ 在【样式】面板底部，可以看到刚载入的样式库。展开样式库，单击某个样式，即可将其应用到图层中。

7. 剥离图层样式

　　添加图层样式时，Photoshop 是对图层内容的副本进行模糊、位移等操作来实现各种效果的。这些图层副本类似于存储在 Photoshop 的内部，在【图层】面板中只显示效果列表，图层副本是不可见的。如果想要对它们进行编辑，可以使用【创建图层】命令将其从图层中剥离出来。

扫一扫，看视频

❶ 选择【文件】|【打开】命令，打开图像文件，并选中带有图层样式的图层。

❷ 选择【图层】|【图层样式】|【创建图层】命令，可以将效果剥离到新的图层中。剥离后的图层样式可以进行图层操作，如变形对象。

225

9.4 使用图层复合

图层复合是【图层】面板状态的快照,它记录了当前文件中的图层可视性、位置和外观。通过图层复合,可在当前文件中创建多个方案,便于管理和查看不同方案效果。因此,图层复合适合在比较、筛选多种设计方案或多种图像效果时使用。

9.4.1 创建图层复合

当用户创建好一个图像效果时,可以创建图层复合,新的复合将记录【图层】面板中图层的当前状态。

❶ 当创建好一个图像效果时,单击【图层复合】面板底部的【创建新的图层复合】按钮。

❷ 在打开的【新建图层复合】对话框中,可以选择应用于图层的选项,包含【可见性】【位置】【外观(图层样式)】等,也可以为图层复合添加文本注释,然后单击【确定】按钮即可创建图层复合。

扫一扫,看视频

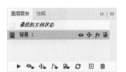

9.4.2 更新图层复合

如果用户要更改创建好的图层复合,可以在【图层复合】面板菜单中选择【图层复合选项】命令,打开【图层复合选项】对话框重新进行设置。如果要更新修改后的图层复合,可以在【图层复合】面板底部单击【更新图层复合】按钮 ↻ 。

扫一扫,看视频

❶ 在【图层复合】面板中,单击要更新的图层复合前的【应用图层复合标志】按钮▣。然后调整图像效果。

❷ 在【图层复合】面板中,单击【更新图层复合】按钮更新修改设置。

第 10 章
文字与版面设计

本章内容简介

　　文字是设计作品中常见的元素。文字不仅能用来表述信息，还可以美化版面。在 Photoshop 中有着非常强大的文字创建与编辑功能，不仅有多种文字工具可供使用，更可以配合参数设置面板来修改文字效果。本章主要讲解多种类型文字的创建以及文字属性的编辑方法。

本章重点内容

- 熟练掌握文字工具的使用方法
- 熟练掌握【字符】面板的使用方法
- 熟练掌握【段落】面板的使用方法

练一练 & 举一反三详解

10.1 使用文字工具

Photoshop 采用了与 Illustrator 相同的文字创建方法，包括可以创建横向或纵向自由扩展的文字、使用矩形框限定范围的一段或多段文字，以及在矢量图形内部或路径上方输入的文字。在将文字栅格化以前，Photoshop 会保留基于矢量的文字轮廓，用户可以任意缩放文字，调整文字大小。

10.1.1 认识文字工具

Photoshop 提供了【横排文字】工具、【直排文字】工具、【直排文字蒙版】工具和【横排文字蒙版】工具 4 种创建文字的工具。【横排文字】工具和【直排文字】工具主要用来创建点文字、段落文字和路径文字。【横排文字蒙版】工具和【直排文字蒙版】工具主要用来创建文字选区。

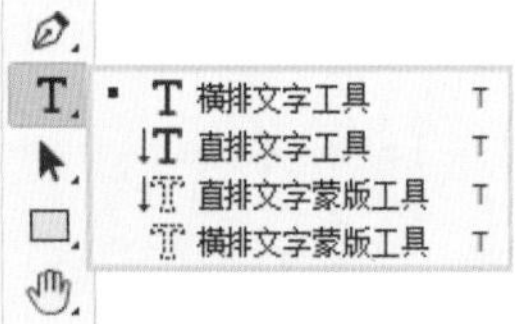

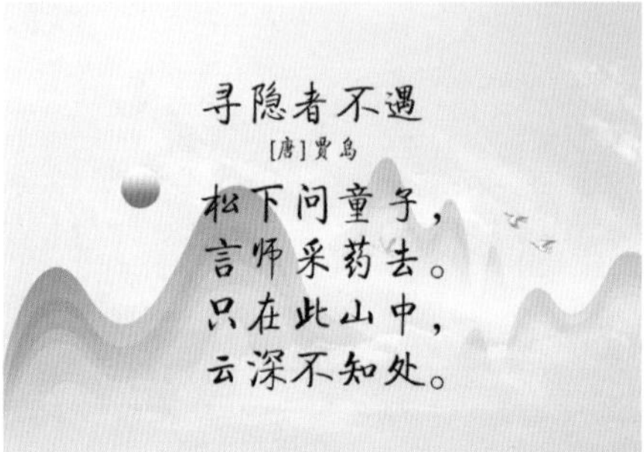

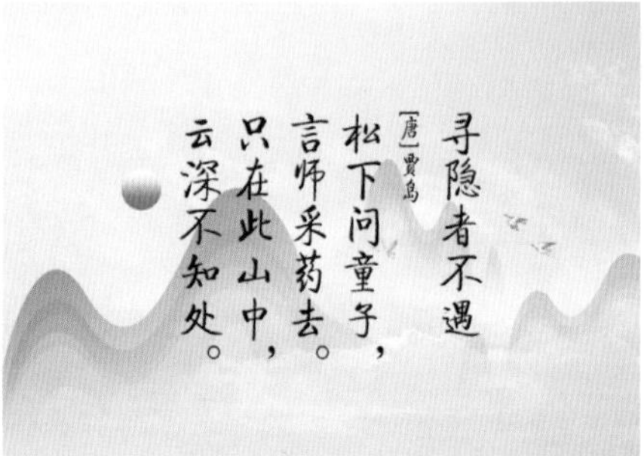

在使用文字工具输入文字之前，用户需要在工具选项栏或【字符】面板中设置字符的属性，包括文字字体、大小、颜色等。选择文字工具后，用户可以在选项栏中设置字体的系列、样式、大小、颜色和对齐方式等。

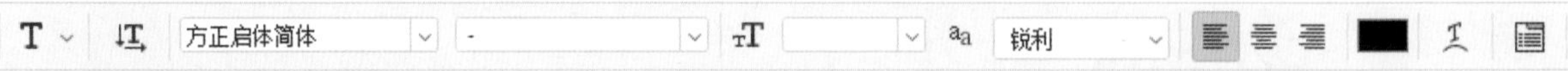

- 【切换文本方向】按钮：如果当前文字为横排文字，单击该按钮，可将其转换为直排文字；如果当前文字是直排文字，则可将其转换为横排文字。
- 【设置字体系列】Arial：在该下拉列表中可以选择字体。
- 【设置字体样式】Regular：用来为字符设置样式，包括 Regular(规则的)、Italic(斜体)、Bold(粗体)、Bold Italic(粗斜体)。该设置只对英文字体有效。
- 【设置字体大小】33点：可以选择字体的大小，或直接输入数值进行设置。

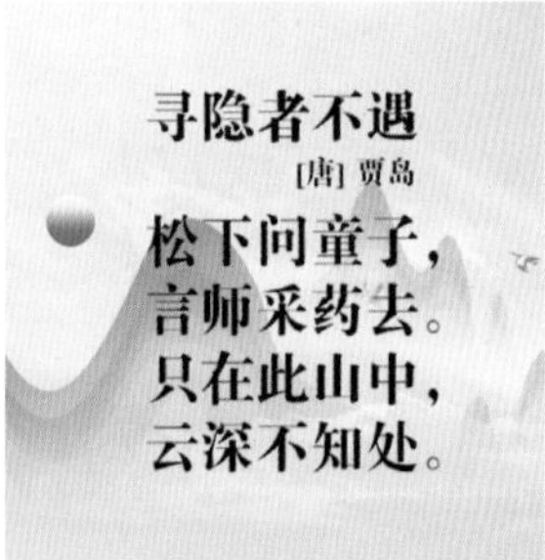

(a) 方正大标宋简体

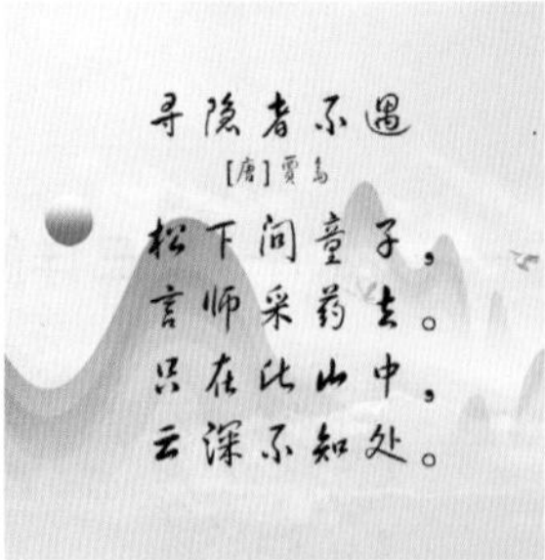

(b) 方正黄草简体

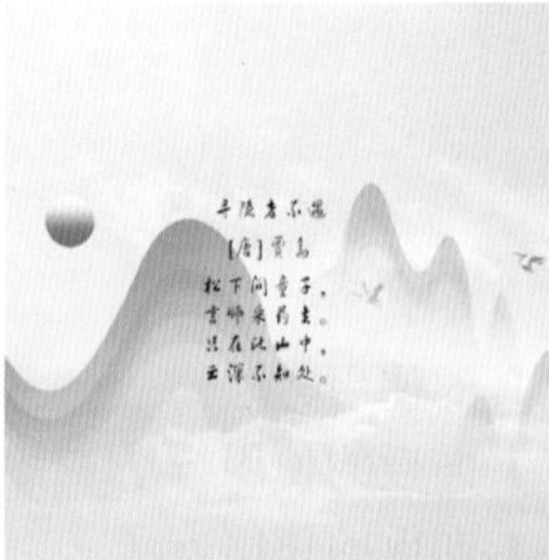

(a) 14 点

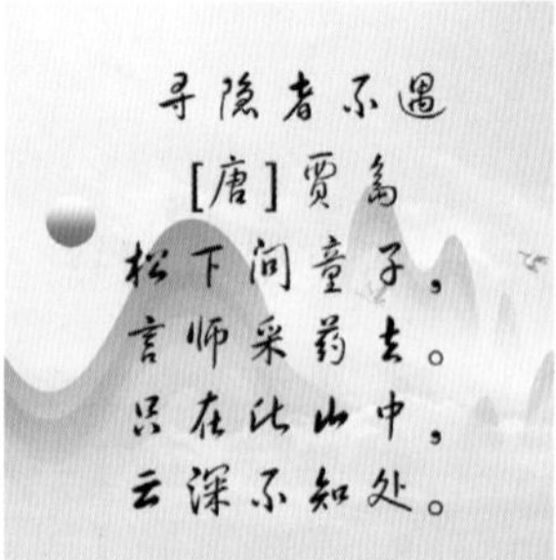

(b) 36 点

- 【设置取消锯齿的方法】锐利：可为文字选择消除锯齿的方法，Photoshop 通过填充边缘

像素来产生边缘平滑的文字。它有【无】【锐利】【犀利】【浑厚】【平滑】、Windows LCD 和
Windows 这 7 种选项供用户选择。

- ◖【设置文本对齐】：在该选项中，可以设置文本对齐的方式，包括【左对齐文本】按钮▤、【居中
对齐文本】按钮▤和【右对齐文本】按钮▤。
- ◖【设置文本颜色】：单击该按钮，可以打开【拾色器 (文本颜色)】对话框，设置文字的颜色。默认
情况下，使用前景色作为创建的文字颜色。
- ◖【创建文字变形】按钮▯：单击该按钮，可以打开【变形文字】对话框。通过该对话框，用户可以
设置文字的多种变形样式。
- ◖【切换字符和段落面板】按钮▤：单击该按钮，可以打开或隐藏【字符】面板和【段落】面板。

● 10.1.2　创建点文本

点文本是最常用的文本形式。在点文本输入状态下，输入的文字会一直沿着水平或垂
直方向进行排列。行的长度随着文字的输入而不断增加，不会进行自动换行，需要手动按
Enter 键换行。在创建标题、海报上少量的宣传文字、艺术字等字数较少的文字时，可以
通过点文本来完成。

扫一扫，看视频

❶ 点文本的创建方法非常简单，选择【横排文字】工具，在其选项栏中设置字体、字号、颜色等文字属性。
然后使用【横排文字】工具在图像中单击插入光标，随即显示占位符。

❷ 用户可以按键盘上的 Backspace 键或 Delete 键将占位符删除，然后重新输入文字内容，文字会沿着水
平方向进行排列。

❸ 在需要进行换行时，按键盘上的 Enter 键进行换行，然后开始输入第二行文字。文字输入完成后，单
击选项栏中的 ✓ 按钮，或按 Ctrl+Enter 快捷键确认。

提示：在文字编辑状态下移动文字位置。

在文字编辑状态下，将光标移至文字的附近，待光标变为 ▸ 形状后按住鼠标左键并拖动鼠标即可移动文字位置。

❹ 此时，在【图层】面板中出现一个新的文字图层。如果要修改整个文字图层的字体、字号等属性，可以在【图层】面板中单击并选中该文字图层，然后在选项栏或【字符】面板、【段落】面板中更改文字属性。

❺ 如要修改部分字符属性，可以在文本上按住鼠标左键并拖动鼠标，选择要修改属性的字符。然后在选项栏或【字符】面板中修改相关属性。完成属性修改后，即可看到只有选中的文字的属性发生了变化。

 提示：方便的字符选择方式

在文字输入状态下，单击鼠标左键3下，可以选择一行文字；单击鼠标左侧4下，可以选择整个段落；按下 Ctrl+A 快捷键，可以选取全部文字；双击文字图层缩览图可全选文字。

● **10.1.3** 创建段落文本

段落文本是在文本框内输入的文本，它具有自动换行、可以调整文字区域大小等功能。在创建文字量较大的文本时，用户可以使用段落文本来完成。段落文本常用于书籍、杂志、报纸或其他包含大量文字的版面设计。

❶ 打开一个图像文件，选择【横排文字】工具，在其选项栏中设置合适的字体、字号、文字颜色和对齐方式，然后在图像中单击并拖动鼠标创建矩形文本框。

扫一扫，看视频

❷ 在文本框中输入文字内容，文字会自动排列在文本框中。

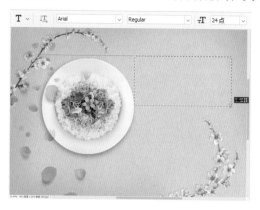 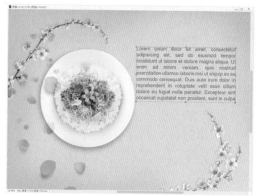

 提示：如何精确创建文本框

　　选择文字工具，在画布中单击并拖动鼠标创建文本框时，如果同时按住 Alt 键，会打开【段落文字大小】对话框。在该对话框中输入【宽度】和【高度】数值，可以精确地定义文本框大小。用户要更改文本框的宽度和高度的数值单位，可以在【宽度】或【高度】数值框上右击，在弹出的快捷菜单中选择所需的数值单位。

❸ 如果文本框不能显示全部文字内容时，其右下角的控制点会变为 ⊞ 形状。如果要调整文本框的大小，可将光标移到文本框边缘处，按住鼠标左键并拖动鼠标即可。随着文本框大小的改变，文字也会重新排列。

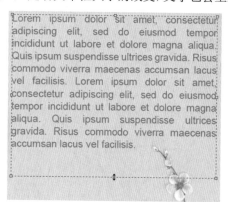

 提示：如何转换点文本和段落文本

　　点文本和段落文本可以互相转换。如果是点文本，可选择【文字】|【转换为段落文本】命令，将其转换为段落文本；如果是段落文本，可选择【文字】|【转换为点文本】命令，将其转换为点文本。将段落文本转换为点文本时，所有溢出定界框的字符都会被删除。因此，为了避免丢失文字，应首先调整定界框，使所有文字在转换前都显示出来。

❹ 文本框还可以进行旋转操作。将光标放在文本框的一角，当其变为弯曲的双向箭头时，按住鼠标左键并拖动鼠标，即可旋转文本框，文本框中的文字也会随之旋转。在旋转过程中，如果按住 Shift 键，能

够以 15°为增量进行旋转。调整完成后，单击选项栏中的✓按钮，或按 Ctrl+Enter 快捷键确认。如果要放弃对文本的修改，可以单击选项栏中的◎按钮，或按 Esc 键。

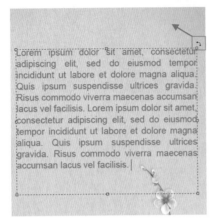
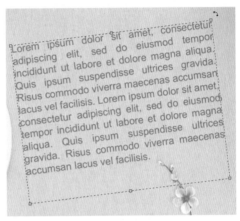

练一练 制作饰品广告

文件路径：第 10 章 \ 制作饰品广告
难易程度：★★☆☆☆
技术掌握：创建点文本、图层混合

扫一扫，看视频

案例效果：

练一练 制作旅游宣传单

文件路径：第 10 章 \ 制作旅游宣传单
难易程度：★★☆☆☆
技术掌握：创建点文本、创建剪贴蒙版

扫一扫，看视频

案例效果：

10.1.4 创建路径文字

路径文字是使用【横排文字】工具或【直排文字】工具依附于路径创建的一种文字类型。改变路径形状时，文字的排列方式也会随之改变。

1. 输入路径文字

❶ 要想沿路径创建文字，需要先在图像中绘制路径。

扫一扫，看视频

❷ 选择【横排文字】工具或【直排文字】工具，将光标放置在路径上，当其显示为 时单击，即可在路径上显示文字插入点。

❸ 输入文字后，文字会沿着路径进行排列。改变路径形状后，文字的排列方式也会随之发生改变。

2. 调整路径上文字的位置

❶ 要调整所创建文字在路径上的位置，可以选择【路径选择】工具，然后移动光标至文字路径边缘，当其显示为 或 时按住鼠标左键，沿着路径方向拖动文字即可。

❷ 在拖动文字的过程中，还可以拖动文字至路径的内侧或外侧。

3. 编辑文字路径

❶ 创建路径文字后，【路径】面板中会有两个一样的路径层，其中一个是原始路径，另一个是基于它生成的文字路径。只有选择路径文字所在的图层时，文字路径才会出现在【路径】面板中。

❷ 选择【直接选择】工具单击文字路径，移动路径上的锚点或调整方向线调整路径的形状，文字会沿修改后的路径重新排列。

提示：使用占位符文本

在使用 Photoshop 制作包含大量文字的版面时，通常需要对版面中内容的摆放位置以及所占区域进行规划。此时利用【占位符】功能可以快速输入文字，填充文本框。在设置好文本属性后，在修改时只需删除占位符文本，并重新贴入需要使用的文字即可。

【粘贴 Lorem Ipsum】命令常用于段落文本中。使用文字工具绘制一个文本框，选择【文字】|【粘贴 Lorem Ipsum】命令，文本框即可快速被字符填满。如果使用文字工具在画面中单击，选择【文字】|【粘贴 Lorem Ipsum】命令，会自动沿水平或垂直方向添加占位符。

如果要关闭占位符，可以使用 Ctrl+K 快捷键打开【首选项】对话框，在【文字】选项组中，取消选中【使用占位符文本填充新文字图层】复选框，即可关闭占位符的显示。

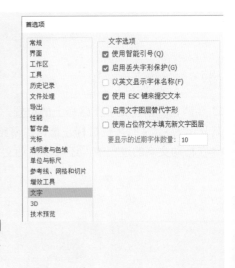

● 10.1.5　创建区域文本

区域文本与段落文本比较相似，都是被限定在某个特定的区域内。段落文本只能处于矩形文本框内，而区域文本则可以使用任何形状的文本框。

❶ 要想创建区域文本，首先需要在图像文件窗口中创建闭合路径。然后选择文字工具，在

扫一扫，看视频

其选项栏中设置合适的字体、字号及文本颜色。移动光标至闭合路径中，当光标显示为时单击，即可在路径区域中显示文字插入点。

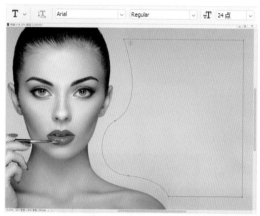

❷ 在闭合路径区域中输入文字内容。输入完成后，单击选项栏中的 ✓ 按钮，或按 Ctrl+Enter 快捷键确认。单击其他图层，可隐藏路径。

● 10.1.6　创建变形文字

在制作艺术字效果时，经常需要对文字进行变形。利用 Photoshop 提供的【创建文字变形】功能，可以多种方式进行文字的变形。

❶ 选中文字图层，在文字工具选项栏中单击【创建文字变形】按钮，打开【变形文字】对话框。

❷ 在该对话框的【样式】下拉列表中选择一种变形样式即可设置文字的变形效果。分别设置文本扭曲的方向以及【弯曲】【水平扭曲】【垂直扭曲】等参数，单击【确定】按钮，即可完成文字的变形。

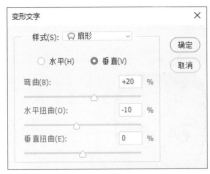

🍃【样式】：在此下拉列表中可以选择一个变形样式。

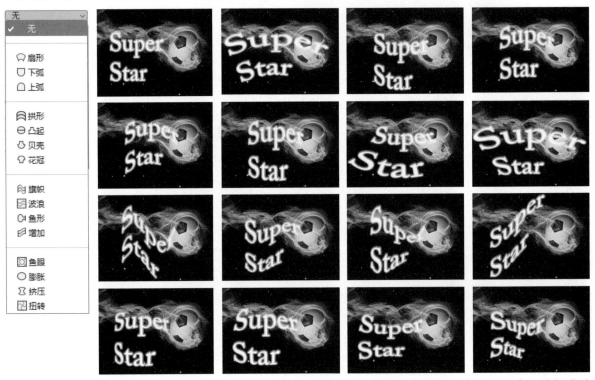

🍃【水平】和【垂直】单选按钮：选择【水平】单选按钮，可以将变形效果设置为水平方向；选择【垂直】单选按钮，可以将变形效果设置为垂直方向。

🍃【弯曲】：可以调整对图层应用的变形程度。

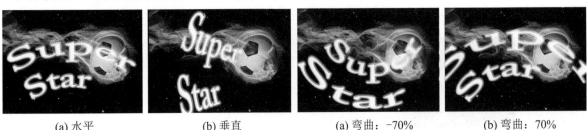

     (a) 水平   (b) 垂直   (a) 弯曲：-70%   (b) 弯曲：70%

🍃【水平扭曲】和【垂直扭曲】：拖动【水平扭曲】和【垂直扭曲】的滑块或输入数值，可以变形应用透视。

(a) 水平扭曲：-50%

(b) 水平扭曲：50%

(a) 垂直扭曲：-50%

(b) 垂直扭曲：50%

提示：如何重置与取消文字变形

　　使用【横排文字】工具和【直排文字】工具创建的文本，在没有将其栅格化或者转换为形状前，可以随时重置与取消变形。选择一个文字工具，单击选项栏中的【创建文字变形】按钮，或选择【文字】|【文字变形】命令，可以打开【变形文字】对话框，修改变形参数，或在【样式】下拉列表中选择另一种样式。要取消文字变形，在【变形文字】对话框的【样式】下拉列表中选择【无】选项，然后单击【确定】按钮关闭对话框，即可将文字恢复为变形前的状态。

● 举一反三　制作电商购物节广告

案例效果：

| 文件路径：第 10 章 \ 制作电商购物节广告 |
| 难易程度：★★★☆☆ |
| 技术掌握：创建文本、变形文字 |

扫一扫，看视频

● 10.1.7　创建文字选区

　　【横排文字蒙版】工具和【直排文字蒙版】工具主要用于创建文字形状选区，而不是实体文字。选择其中的一个工具，在画面中单击，然后输入文字即可创建文字形状选区。文字形状选区可以像任何其他选区一样被移动、复制、填充或描边。

扫一扫，看视频

❶ 打开一个图像文件，选择【横排文字蒙版】工具，在选项栏中设置字体、字号、对齐方式等。设置字体系列为 Berlin Sans FB Demi，字体样式为 Bold，字体大小为 60 点，单击【居中对齐文本】按钮。

❷ 使用【横排文字蒙版】工具在图像中单击并输入文字内容，画面中被半透明的蒙版所覆盖，文字部分显现图像内容。单击选项栏中的 ✓ 按钮，或按 Ctrl+Enter 快捷键确认，文字将以选区的形式出现。

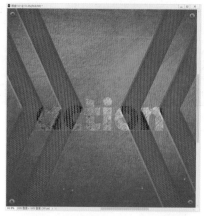

❸ 在文字选区中，可以填充前景色、背景色、渐变色或图案等，也可以对选区中的填充内容进行编辑。

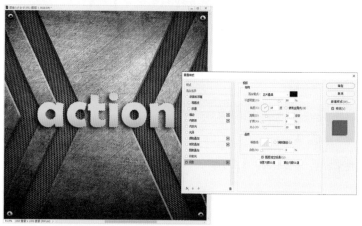

10.2　文字属性的设置

　　利用文字工具选项栏可以方便地设置文字属性，但在选项栏中只能对一些常用的属性进行设置，而对于间距、样式、缩进、避头尾法则等选项的设置则需要使用【字符】面板和【段落】面板。

10.2.1　【字符】面板

　　字符是指文本中的文字内容，包括每一个汉字、英文字母、数字、标点和符号等，字符属性就是与它们有关的字体、大小、颜色、字符间距等属性。在 Photoshop 中创建文本对象后，虽然可以在选项栏中设置一些文字属性，但并未包括所有的文字属性。

　　选择任意一个文字工具，单击选项栏中的【切换字符和段落面板】按钮，或者选择【窗口】|【字符】命令都可以打开【字符】面板。在【字符】面板中，除了能对常见的字体系列、字体样式、字体大小、文本颜色和消除锯齿的方法等进行设置，还可以对行距、字距等字符属性进行设置。

　　🔘【设置字体系列】：在该下拉列表中可以选择字体。

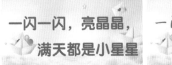

(a) 方正粗圆简体   (b) 方正启体简体

🔘 【设置字体大小】下拉列表：该下拉列表用于设置文字的字符大小。

🔘 【设置行距】下拉列表：该下拉列表用于设置文本对象中两行文字之间的间隔距离。设置【设置行距】
选项的数值时，用户可以通过其下拉列表选择预设的数值，也可以在文本框中自定义数值，还可以
选择下拉列表中的【自动】选项，根据创建文本对象的字体大小自动设置适当的行距数值。

🔘 【设置两个字符之间的字距微调】选项：该选项用于微调光标位置前文字本身的间距。与【设置所
选字符的字距调整】选项不同的是，该选项只能设置光标位置前的文字字距。用户可以在其下拉列
表中选择 Photoshop 预设的参数数值，也可以在其文本框中直接输入所需的参数数值。需要注意的是，
该选项只能在没有选择文字的情况下为可设置状态。

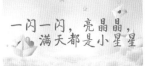

(a) 行距：36 点   (b) 行距：72 点   (a) 字距微调：0   (b) 字距微调：–500

🔘 【设置所选字符的字距调整】选项：该选项用于设置所选字符之间的距离。用户可以在其下拉列表
中选择 Photoshop 预设的参数数值，也可以在其文本框中直接输入所需的参数数值。

🔘 【设置所选字符的比例间距】选项：该选项用于设置文字字符间的比例间距，数值越大，字距越小。

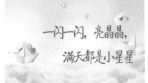

(a) 字距调整：–300   (b) 字距调整：200

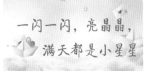

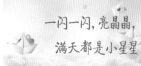

(a) 比例间距：10%   (b) 比例间距：60%

🔘 【垂直缩放】文本框和【水平缩放】文本框：这两个文本框用于设置文字的垂直和水平缩放比例。

🔘 【设置基线偏移】文本框：该文本框用于设置选择文字的向上或向下偏移数值。设置该选项参数后，
不会影响整体文本对象的排列方向。

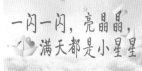

(a) 垂直缩放：150%   (b) 水平缩放：150%   (a) 基线偏移：30   (b) 基线偏移：–30

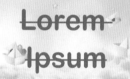

⚫ 【字符样式】选项组：在该选项组中，通过单击不同的文字样式按钮，可以设置文字为仿粗体、仿斜体、全部大写字母、小型大写字母、上标、下标、下画线、删除线等样式的文字。

(a) 仿斜体　　　　　　(b) 全部大写字母　　　　　　(c) 下画线　　　　　　(d) 删除线

提示：如何更改文字的度量单位

文字的默认度量单位为【点】，也可以使用【像素】和【毫米】作为度量单位。选择【编辑】|【首选项】|【单位与标尺】命令，打开【首选项】对话框。在【单位】选项组中，可以设置【文字】选项的单位。

10.2.2　【段落】面板

　　【段落】面板用于设置段落文本的编排方式，如设置段落文本的对齐方式、缩进值等。单击选项栏中的【显示/隐藏字符和段落面板】按钮，或者选择【窗口】|【段落】命令都可以打开【段落】面板，通过设置选项即可设置段落文本属性。

⚫ 【左对齐文本】按钮▦：单击该按钮，创建的文字会以整个文本对象的左边为界，进行左对齐。【左对齐文本】对齐方式为段落文本的默认对齐方式。

⚫ 【居中对齐文本】按钮▦：单击该按钮，创建的文字会以整个文本对象的中心线为界，进行居中对齐。

⚫ 【右对齐文本】按钮▦：单击该按钮，创建的文字会以整个文本对象的右边为界，进行右对齐。

(a) 左对齐文本　　　　　　(b) 居中对齐文本　　　　　　(c) 右对齐文本

⚫ 【最后一行左对齐】按钮▦：单击该按钮，段落文本中的文本对象会以整个文本对象的左右两边为界进行对齐，同时将处于段落文本最后一行的文本以其左边为界进行左对齐。该对齐方式为段落对齐时较常使用的对齐方式。

⚫ 【最后一行居中对齐】按钮▦：单击该按钮，段落文本中的文本对象会以整个文本对象的左右两边为界进行对齐，同时将处于段落文本最后一行的文本以其中心线为界进行居中对齐。

- 【最后一行右对齐】按钮▤：单击该按钮，段落文本中的文本对象会以整个文本对象的左右两边为界进行对齐，同时将处于段落文本最后一行的文本以其右边为界进行右对齐。
- 【全部对齐】按钮▤：单击该按钮，会以整个文本对象的左右两边为界，对齐段落中的所有文本对象。

(a) 最后一行左对齐　　　　(b) 最后一行居中对齐　　　　(c) 最后一行右对齐　　　　(d) 全部对齐

- 【左缩进】文本框▤：用于设置段落文本中，每行文本两端与文字定界框左边界向右的间隔距离，或上边界 (对于直排格式的文字) 向下的间隔距离。
- 【右缩进】文本框▤：用于设置段落文本中，每行文本两端与文字定界框右边界向左的间隔距离，或下边界 (对于直排格式的文字) 向上的间隔距离。
- 【首行缩进】文本框▤：用于设置段落文本中，第一行文本与文字定界框左边界向右，或上边界 (对于直排格式的文字) 向下的间隔距离。

(a) 左缩进　　　　　　　(b) 右缩进　　　　　　　(c) 首行缩进

- 【段前添加空格】文本框▤：该文本框用于设置当前段落与其前面段落的间隔距离。
- 【段后添加空格】文本框▤：该文本框用于设置当前段落与其后面段落的间隔距离。

(a) 段前添加空格　　　　　　　(b) 段后添加空格

- 【避头尾法则设置】：不能出现在一行的开头或结尾的字符称为避头尾字符。【避头尾法则设置】用于指定亚洲文本的换行方式。
- 【间距组合设置】：用于为文本编排指定预定义的间距组合。
- 【连字】复选框：选中该复选框，会在输入英文单词的过程中，为自动换行的单词添加连字符。

练一练 制作节日海报

文件路径：	第 10 章 \ 制作节日海报
难易程度：	★★☆☆☆
技术掌握：	设置文本属性、图层样式

扫一扫，看视频

案例效果：

练一练 制作业务名片

文件路径：	第 10 章 \ 制作业务名片
难易程度：	★★☆☆☆
技术掌握：	创建点文本、设置文本属性

扫一扫，看视频

案例效果：

举一反三 制作粉笔字风格插图

文件路径：	第 10 章 \ 制作粉笔字风格插图
难易程度：	★★☆☆☆
技术掌握：	创建文字选区、设置画笔

扫一扫，看视频

案例效果：

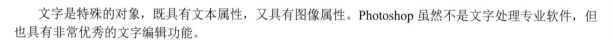

10.3 编辑文字

文字是特殊的对象，既具有文本属性，又具有图像属性。Photoshop 虽然不是文字处理专业软件，但也具有非常优秀的文字编辑功能。

10.3.1 栅格化文字

Photoshop 不能对文字对象使用描绘工具或【滤镜】菜单中的命令等。要想使用这些工具和命令，必须先栅格化文字对象。在【图层】面板中选择所需操作的文本图层，然后选择【图层】|【栅格化】|【文字】命令，即可转换文本图层为普通图层。用户也可在【图层】面板中所需操作的文本图层上右击，在打开的快捷菜单中选择【栅格化文字】命令。接着就可以在文字图层上进行局部的删除、绘制等操作。

10.3.2　将文字对象转换为形状图层

使用【转换为形状】命令可以将文字对象转换为矢量的形状图层。将文字对象转换为
形状图层后，用户就可以使用形状工具对文字的外形进行编辑。通常在制作一些变形艺术
字的时候，需要将文字对象转换为形状图层。

扫一扫，看视频

❶ 打开一个图像文件，在【图层】面板中选择文字图层。然后在图层名称上右击，在弹出
的快捷菜单中选择【转换为形状】命令，或选择菜单栏中的【文字】|【转换为形状】命
令将文字图层转换为形状图层。

❷ 使用【直接选择】工具调整锚点位置，或者使用【钢笔】工具组中的工具在形状上添加锚
点并调整锚点形态，制作出艺术字效果。

● 10.3.3　创建文字路径

　　想要获取文字对象的路径，可以选中文字图层，选择【文字】|【创建工作路径】命令，或在图层名称上右击，在弹出的快捷菜单中选择【创建工作路径】命令，即可基于文字创建工作路径，原文字属性保持不变。得到文字路径后，用户可以对路径进行填充、描边，或创建矢量蒙版等操作。

第11章
使用滤镜特效

本章内容简介

    滤镜主要用来实现图像的各种特殊效果。在 Photoshop 中有一百多种滤镜，根据滤镜产生的效果不同可以分为独立滤镜、校正滤镜、变形滤镜、效果滤镜和其他滤镜。通过应用不同的滤镜可以制作出丰富多彩的图像效果。

本章重点内容

- 掌握滤镜库的使用
- 掌握独立滤镜的使用
- 掌握滤镜组中滤镜的使用方法

练一练 & 举一反三详解

11.1 认识滤镜

Photoshop 中的滤镜是一种插件模块，它通过改变图像像素的位置或颜色来生成各种特殊的效果。Photoshop 的【滤镜】菜单中提供了一百多种滤镜。滤镜大致可以分为 3 种类型：第一种是修改类滤镜，它们可以修改图像中的像素，如扭曲、纹理、素描等滤镜，这类滤镜的数量最多；第二种是复合类滤镜，它们有自己的工具和独特的操作方法，更像是一个独立的软件，如【液化】和【消失点】滤镜等；第三种是创造类滤镜，只有【云彩】滤镜，是唯一一个不需要借助任何像素便可以产生效果的滤镜。

11.2 使用特殊滤镜

在 Photoshop 中，提供了几个独立的特殊滤镜。使用这些滤镜可以校正图像缺陷，改变图像透视，制作艺术画面效果。

11.2.1 使用滤镜库处理图像

滤镜库是一个整合了多组常用滤镜命令的集合库。虽然滤镜效果风格迥异，但使用方法却非常相似。在滤镜库中不仅可以累积应用多个滤镜或多次应用单个滤镜，还可以重新排列滤镜或更改已应用的滤镜设置，制作多种滤镜混合的效果。

扫一扫，看视频

❶ 打开一个图像文件，选择【滤镜】|【滤镜库】命令，打开【滤镜库】对话框。该对话框中提供了【风格化】【画笔描边】【扭曲】【素描】【纹理】和【艺术效果】6 组滤镜。在该对话框中间的滤镜列表中选择一个滤镜组，单击即可展开组。在该滤镜组中选择一个滤镜，单击即可为当前画面应用滤镜效果。然后在右侧适当调节参数，即可在左侧预览区域中观察到滤镜效果。滤镜设置完成后，单击【确定】按钮。

❷ 如果要制作两个滤镜叠加效果，可以单击【滤镜库】对话框右下角的【新建效果图层】按钮 ，即可在滤镜效果列表中添加一个滤镜效果图层。然后，选择所需增加的滤镜命令并设置其参数选项，这样就可以对图像增加使用一个滤镜效果。

❸ 在滤镜库中为图像设置多个效果图层后，如果不再需要某些效果图层，可以选中该效果图层后单击【删除效果图层】按钮 ，将其删除。

 提示：如何设置【滤镜库】对话框中图像的预览区域

　　【滤镜库】对话框的左侧是预览区域，用户可以方便地设置滤镜效果的参数选项。在预览区域下方，通过单击 🗖 按钮或 🗖 按钮可以调整图像预览显示的大小。单击预览区域下方的【缩放比例】按钮，可在弹出的列表中选择 Photoshop 预设的各种缩放比例。要想隐藏滤镜命令选择区域，从而使用更多空间显示预览区域，只需单击对话框中的【显示 / 隐藏滤镜命令选择区域】按钮 🔼 即可。

1.【画笔描边】滤镜组

　　【画笔描边】滤镜组下的命令可以模拟出不同画笔或油墨笔刷勾画图像的效果，使图像产生各种绘画效果。下面介绍几种常用的【画笔描边】滤镜效果。

【成角的线条】滤镜模拟画笔以某种成直角状的方向绘制图像,暗部区域和亮部区域分别为不同的线条方向。选择【滤镜】|【滤镜库】命令,在打开的【滤镜库】对话框中单击【画笔描边】滤镜组中的【成角的线条】滤镜,显示设置选项。

- 【方向平衡】文本框:用于设置笔触的倾斜方向。
- 【描边长度】文本框:用于控制勾绘画笔的长度。该值越大,笔触线条越长。
- 【锐化程度】文本框:用于控制笔锋的尖锐程度。该值越小,图像越平滑。

【墨水轮廓】滤镜根据图像的颜色边界,描绘其黑色轮廓,用精细的细线在原来细节上重绘图像,并强调图像的轮廓。

 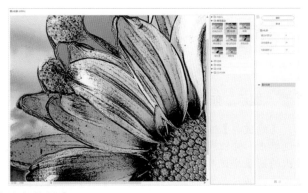

- 【描边长度】文本框:用于设置图像中生成的线条的长度。
- 【深色强度】文本框:用于设置线条阴影的强度。该值越大,图像越暗。
- 【光照强度】文本框:用于设置线条高光的强度。该值越大,图像越亮。

【喷溅】滤镜可以使图像产生笔墨喷溅的艺术效果。在相应的对话框中可以设置喷溅的范围、喷溅效果的轻重程度。

　　【喷色描边】滤镜和【喷溅】滤镜效果相似,可以模拟用某个方向的笔触或喷溅的颜色进行绘图的效果。在【描边方向】下拉列表中可以选择笔触的线条方向。

　　【强化的边缘】滤镜可以对图像的边缘进行强化处理。设置高的边缘亮度值时,强化效果类似白色粉笔;设置低的边缘亮度值时,强化效果类似黑色油墨。

　　【深色线条】滤镜通过使用短而紧密的深色线条绘制图像中的暗部区域,用长的白色线条绘制图像中的亮部区域,从而产生一种强烈的反差效果。

提示：使用滤镜的注意事项

　　滤镜只能处理当前选择的一个图层,不能同时处理多个图层,并且图层必须是可见的。滤镜的处理效果是以像素为单位进行计算的,因此,相同的参数处理不同分辨率的图像,其效果也会有所不同。选区对滤镜的有效范围是有影响的。如果在图像上创建了选区,滤镜只处理选中的图像区域;未创建选区时,处理当前图层中的全部图像。只有【云彩】滤镜可以应用于没有像素的区域,其他滤镜都必须应用在包含像素的区域,否则不能使用这些滤镜,但外挂滤镜除外。

【烟灰墨】滤镜和【深色线条】滤镜效果较为相似。该滤镜可以通过计算图像中像素值的分布，对图像进行概括性的描述，进而更加生动地表现木炭或墨水被纸张吸收后的模糊效果。

【阴影线】滤镜可以保留原始图像的细节和特征，同时使用模拟的铅笔阴影线添加纹理，并使彩色区域的边缘变得粗糙。

2.【素描】滤镜组

【素描】滤镜组中的滤镜根据图像中色调的分布情况，使用前景色和背景色按特定的运算方式进行填充和添加纹理，使图像产生素描、速写和三维的艺术效果。下面介绍几种常用的【素描】滤镜效果。

【半调图案】滤镜使用前景色和背景色将图像处理为带有圆形、网点或直线形状的半调网屏效果。

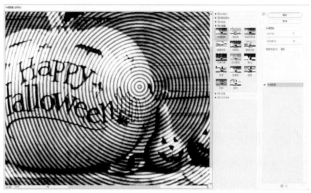

【便条纸】滤镜可以使图像产生类似浮雕的凹陷压印效果，其中前景色作为凹陷部分，而背景色作为凸出部分。

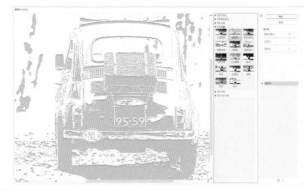

- 🍃 【图像平衡】文本框：用于设置高光区域和阴影区域相对面积的大小。
- 🍃 【粒度】/【凸现】文本框：用于设置图像中生成的颗粒的数量和显示程度。

　　【粉笔和炭笔】滤镜可重绘高光和中间调，并使用粗糙粉笔绘制纯中间调的灰色背景。阴影区域用黑色对角炭笔线替换，炭笔用前景色绘制，粉笔用背景色绘制。

- 🍃 【炭笔区】/【粉笔区】文本框：用于设置炭笔区域和粉笔区域的范围。
- 🍃 【描边压力】文本框：用于设置画笔的压力。

　　【绘图笔】滤镜使用细的、线状的油墨描边来捕捉原图像画面中的细节。前景色作为油墨，背景色作为纸张，以替换原图像中的颜色。

- 🍃 【描边长度】文本框：用于调节笔触在图像中的长短。
- 🍃 【明/暗平衡】文本框：用于调整图像前景色和背景色的比例。当该值为 0 时，图像被背景色填充；当该值为 100 时，图像被前景色填充。
- 🍃 【描边方向】下拉列表：用于选择笔触的方向。

【基底凸现】滤镜可以变换图像，使之呈现浮雕的雕刻效果和突出光照下变化各异的表面。图像的暗区将呈现前景色，而浅色使用背景色。

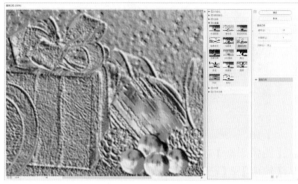

【撕边】滤镜可以重建图像，模拟由粗糙、撕破的纸片组成的效果，然后使用前景色与背景色为图像着色。

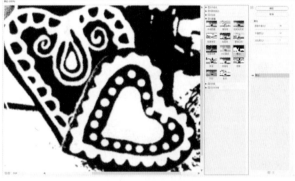

【炭笔】滤镜可以产生色调分离的涂抹效果。图像的主要边缘以粗线条绘制，中间色调用对角描边进行素描。炭笔是前景色，背景色是纸张颜色。

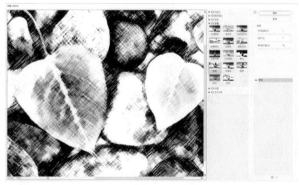

【炭精笔】滤镜可以在图像上模拟浓黑和纯白的炭精笔纹理，暗区使用前景色，亮区使用背景色。为了获得更逼真的效果，可以在应用滤镜之前将前景色改为常用的炭精笔颜色，如黑色、深褐色等。要获得减弱的效果，可以将背景色改为白色。在白色背景中添加一些前景色，然后再应用滤镜。

- 【前景色阶】/【背景色阶】文本框：用来调节前景色和背景色的平衡关系，哪一个色阶的数值越高，它的颜色就越突出。
- 【纹理】下拉列表：在该下拉列表中可以选择一种预设纹理，也可以单击选项右侧的 按钮，载入一个 PSD 格式文件作为产生纹理的模板。

- 【缩放】/【凸现】文本框：用来设置纹理的大小和凹凸程度。
- 【光照】下拉列表：在该下拉列表中可以选择光照方向。
- 【反相】复选框：选中该复选框，可以反转纹理的凹凸方向。

　　【图章】滤镜可以简化图像，使之看起来像是用橡皮或木制图章创建的一样。该滤镜用于黑白图像时效果最佳。

- 【明/暗平衡】文本框：可调整图像中亮调与暗调区域的平衡关系。
- 【平滑度】文本框：用来设置图像效果的平滑程度。

　　【网状】滤镜使用前景色和背景色填充图像，在图像中产生一种网眼覆盖的效果，使图像的暗色调区域呈结块化，高光区域呈轻微颗粒化。

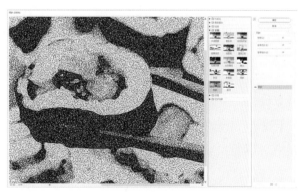

- 【浓度】文本框：用来设置图像中产生的网纹密度。
- 【前景色阶】/【背景色阶】文本框：用来设置图像中使用的前景色和背景色的色阶数。

　　【影印】滤镜可以模拟影印图像的效果。使用【影印】滤镜后会把图像之前的色彩去掉，并使用默认的前景色勾画图像轮廓边缘，而其余部分填充默认的背景色。

 提示：修改滤镜效果

　　使用滤镜处理图像后，执行【编辑】|【渐隐】命令可以修改滤镜效果的混合模式和不透明度。在【渐隐】对话框中，拖动【不透明度】滑块，可以从0%(透明)到100%调整前一步操作效果的不透明度。在【模式】下拉列表中可以选择效果混合模式。【渐隐】命令必须在进行了编辑操作后立即执行，如中间又进行了其他操作，则无法执行该命令。

练一练　　制作抽丝效果　　　　　　　　　　案例效果：

第11章\制作抽丝效果
难易程度：★☆☆☆☆
技术掌握：滤镜库、【渐隐】命令

扫一扫，看视频

 3.【纹理】滤镜组

　　【纹理】滤镜组中包含了6种滤镜，使用这些滤镜可以模拟具有深度感或物质感的外观。下面介绍几种常用的【纹理】滤镜效果。

　　【龟裂缝】滤镜可以将图像绘制在凸现的石膏表面，以循着图像等高线生成精细的网状裂缝。使用该滤镜可以对包含多种颜色值或灰度值的图像创建浮雕效果。

　　【颗粒】滤镜可以使用常规、柔和、喷洒、结块、斑点等不同类型的颗粒在图像中添加纹理。

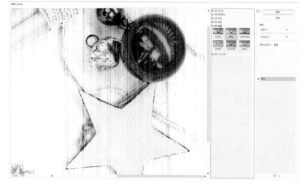

- 🖝 【强度】文本框：用于设置颗粒密度，其取值范围为 0~100。该值越大，图像中的颗粒越多。
- 🖝 【对比度】文本框：用于调整颗粒的明暗对比度，其取值范围为 0~100。
- 🖝 【颗粒类型】下拉列表：用于设置颗粒的类型，包括【常规】【柔和】和【喷洒】等 10 种类型。

　　【纹理化】滤镜可以生成各种纹理，在图像中添加纹理质感，可选择的纹理包括砖形、粗麻布、画布和砂岩，也可以载入一个 PSD 格式的文件作为纹理文件。

- 🖝 【缩放】文本框：用于调整纹理的尺寸大小。该值越大，纹理效果越明显。
- 🖝 【凸现】文本框：用于调整纹理的深度。该值越大，图像的纹理深度越深。
- 🖝 【光照】下拉列表：提供了 8 种方向的光照效果。

4.【艺术效果】滤镜组

　　【艺术效果】滤镜组可以将图像变为传统介质上的绘画效果，利用这些命令可以使图像产生不同风格的艺术效果。下面介绍几种常用的【艺术效果】滤镜效果。

　　【壁画】滤镜使用短而圆的、粗犷涂抹的小块颜料，使图像产生类似壁画般的效果。

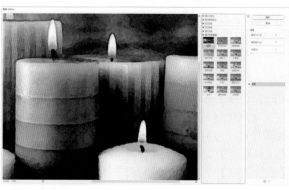

【彩色铅笔】滤镜使用彩色铅笔在纯色背景上绘制图像，并保留重要边缘，外观呈粗糙阴影线，纯色背景色会透过比较平滑的区域显示出来。

- 【铅笔宽度】文本框：用来设置铅笔线条的宽度。该值越大，铅笔线条越粗。
- 【描边压力】文本框：用来设置铅笔的压力效果。该值越大，线条越粗犷。
- 【纸张亮度】文本框：用来设置画质纸色的明暗程度，该值越大，纸的颜色越接近背景色。

【粗糙蜡笔】滤镜可以使图像产生类似蜡笔在纹理背景上绘图而产生的一种纹理效果。

【干画笔】滤镜可以模拟干画笔技术绘制图像，通过减少图像的颜色来简化图像的细节，使图像产生一种不饱和、不湿润的油画效果。

【海报边缘】滤镜可以按照设置的选项自动跟踪图像中颜色变化剧烈的区域，在边界上填入黑色的阴影，大而宽的区域有简单的阴影，而细小的深色细节遍布图像，使图像产生海报效果。该滤镜的作用是增加图像对比度并沿边缘的细微层次加上黑色，能够产生具有招贴画边缘的效果。

- 【边缘厚度】文本框：用于调节图像的黑色边缘的宽度。该值越大，边缘轮廓越宽。
- 【边缘强度】文本框：用于调节图像边缘的明暗程度。该值越大，边缘越黑。
- 【海报化】文本框：用于调节颜色在图像上的渲染效果。该值越大，海报效果越明显。

【绘画涂抹】滤镜可以使用【简单】【未处理光照】【宽锐化】【宽模糊】和【火花】等软件预设的不同类型的画笔样式创建绘画效果。

【木刻】滤镜可以利用版画和雕刻原理，将图像处理成由粗糙剪切彩纸组成的高对比度图像，产生剪纸、木刻的艺术效果。

- 【色阶数】文本框：用于设置图像中色彩的层次。该值越大，图像的色彩层次越丰富。
- 【边缘简化度】文本框：用于设置图像边缘的简化程度。
- 【边缘逼真度】文本框：用于设置产生痕迹的精确度。该值越小，图像痕迹越明显。

 提示：重复使用上一次滤镜

当执行完一个滤镜操作后，在【滤镜】菜单的顶部出现刚使用过的滤镜名称，选择该命令，或按 Ctrl+F 组合键，可以以相同的参数再次应用该滤镜。如果按 Alt+Ctrl+F 组合键，则会重新打开上一次执行的滤镜对话框。

【水彩】滤镜能够以水彩的风格绘制图像，同时简化颜色，产生水彩画的效果。

【涂抹棒】滤镜可以使图像产生一种涂抹、晕开的效果。它使用较短的对角线来涂抹图像的较暗区域，较亮的区域变得更明亮并丢失细节。

练一练	制作油画效果		举一反三	制作水墨画效果

文件路径：第 11 章 \ 制作油画效果

难易程度：★★☆☆☆

技术掌握：【画笔描边】滤镜

扫一扫，看视频

文件路径：第 11 章 \ 制作水墨画效果

难易程度：★★☆☆☆

技术掌握：去色、【滤镜库】应用

扫一扫，看视频

案例效果：

案例效果：

11.2.2　Camera Raw 滤镜

　　RAW 格式的照片包含相机捕获的所有数据，如 ISO 设置、快门速度、光圈值、白平衡等。RAW 是未经处理和压缩的格式，因此被称为"数字底片"。【Camera Raw 滤镜】命令专门用于处理 Raw 文件，它可以解释相机原始数据文件，对白平衡、色调范围、对比度、颜色饱和度、锐化进行调整。

扫一扫，看视频

❶ 打开一个图像文件，选择【滤镜】|【Camera Raw 滤镜】命令，或按 Shift+Ctrl+A 快捷键，打开 Camera Raw 对话框。在该对话框右侧参数设置区集中了大量的图像调整命令，这些命令被分为多个组，以折叠面板的形式显示在对话框中。单击折叠面板名称前的 ⟩ 图标，展开其包含的设置选项。

❷ 对话框左侧为图像编辑预览区域。通过单击右下角的 ▣ 按钮，可以在修改前和修改后的视图之间进行切换，查看编辑前后的图像。当长按右侧面板右上角的 👁 图标时，可以暂时隐藏面板中的编辑结果。

◑ 在【基本】面板中可使用滑块对图像的白平衡、色温、色调、曝光度、高光、阴影等进行调整。

◑ 在【曲线】面板中可使用曲线微调色调等级，还能在参数曲线、点曲线、红色通道、绿色通道和蓝色通道中进行选择。

◑ 在【细节】面板中可使用滑块调整锐化、降噪并减少杂色。

◑ 在【混色器】面板中可在【HSL】(色相、饱和度、明亮度) 和【颜色】之间进行选择，以调整图像中的不同色相。

◑ 在【颜色分级】面板中可使用色轮精确调整阴影、中色调和高光中的色相，也可以调整这些色相的【混合】与【平衡】数值。

◑ 在【光学】面板中能够删除色差、扭曲和晕影。使用【去边】选项还可以对图像中的紫色或绿色色相进行采样和校正。

◑ 在【几何】面板中可调整不同类型的透视和色阶校正。选择【限制裁切】，在应用【几何】调整后快速移除白色边框。

◑ 在【效果】面板中可使用滑块添加颗粒或晕影。

◑ 在【校准】面板中，可从【处理】下拉菜单中选择【处理版本】，并调整阴影、红主色、绿主色和蓝主色滑块。

❸ 在 Camera Raw 对话框的右侧边缘还包含几个工具按钮。【污点去除】工具可以修复或复制图像的特定区域，将图像中的干扰元素去除。单击【污点去除】按钮 ✎，在显示的【修复】选项组中，打开【文字】下拉列表，在其中可以选择工具的工作模式，然后设置工具的【大小】【羽化】和【不透明度】数值。再使用【污点去除】工具在需要去除的位置单击或喷涂，即可修复或仿制图像。如果对编辑后的结果不满意，可以拖动仿制源处的绿色控制柄，使用仿制源处的图像遮盖原位置。

 提示：使用【红眼】工具

单击 Camera Raw 对话框右侧的【红眼】按钮 👁，在显示的【红眼】选项组的【文字】下拉列表中，选择要去除红眼的对象，然后设置瞳孔大小和变暗程度。其设置方法与工具面板中的【红眼】工具相似。

❹ 单击【蒙版】按钮◉，在显示的【创建新蒙版】选项组中，可以选择需要编辑的区域，也可以使用 AI
工具选择复杂的区域。创建蒙版后，在其下方显示的设置选项中编辑图像效果。

❺ 单击【预设】按钮◉，再单击【更多设置】按钮
⋯，在弹出的菜单中选择【创建预设】命令即可添
加自定义预设。在打开的【创建预设】对话框中，
可以为自定义编辑输入一个名称，并选择所包含的
编辑选项，然后单击【确定】按钮创建预设。

提示：快速使用 Camera Raw 预设

单击 Camera Raw 对话框右侧的【预设】按钮◉，在显示的面板中可以访问和浏览不同人像、风格、
样式、主题等高级预设，还可以添加自定义预设。将鼠标光标悬停在预设上即可预览预设效果，单击
预设名称即可应用该预设。

● 举一反三　　消除图像雾霾效果

| 文件路径：第 11 章 \ 消除图像雾霾效果 |
| 难易程度：★★☆☆☆ |
| 技术掌握：【Camera Raw 滤镜】命令 |

扫一扫，看视频

案例效果：

● 举一反三　　制作色彩艳丽的照片效果

| 文件路径：第 11 章 \ 制作色彩艳丽的照片效果 |
| 难易程度：★★★☆☆ |
| 技术掌握：【Camera Raw 滤镜】命令、拼合图像 |

扫一扫，看视频

案例效果：

● 11.2.3　镜头校正

　　【镜头校正】滤镜用于修复常见的镜头缺陷，如桶形失真、枕形失真、色差以及晕影等，也可以用来旋转图像，或修复由于相机垂直或水平倾斜而导致的图像透视现象。在进行变换和变形操作时，该滤镜比【变换】命令更为有用。同时，该滤镜提供的网格可以使调整更为轻松、精确。

扫一扫，看视频

❶ 打开一个图像文件，选择【滤镜】|【镜头校正】命令，或按 Shift+Ctrl+R 快捷键，可以打开【镜头校正】对话框。【镜头校正】对话框左侧是该滤镜的使用工具，中间是预览和操作窗口，右侧是参数设置区。

- ◗ 【移去扭曲】工具 ▦：可以校正镜头桶形或枕形扭曲。选择该工具后，将光标放在画面中，单击并向画面边缘拖动鼠标可以校正桶形失真；向画面的中心拖动鼠标可以校正枕形失真。选择【拉直】工具依据图中景物的水平线，单击并进行拖动以创建校正参考线，释放鼠标即可自动校正图中景物的水平。
- ◗ 【拉直】工具 ▭：可以校正倾斜的图像，或者对图像的角度进行调整。选择该工具后，在图像中单击并拖动一条直线，放开鼠标后，图像会以该直线为基准进行角度的校正。
- ◗ 【移动网格】工具 ▦：用来移动网格，以便使它与图像对齐。
- ◗ 【抓手】工具 ✋ /【缩放】工具 🔍：用于缩放预览窗口的显示比例和移动画面。
- ◗ 【显示网格】复选框：选中该复选框后，可以在画面中显示网格，通过网格线可以更好地判断所需的校正参数。在【大小】数值框中可以调整网格间距；单击【颜色】选项右侧色板，可打开【拾色器】对话框修改网格颜色。

❷ 在【自动校正】选项卡中，可以解决拍摄照片时由于相机设备原因产生的问题。在【搜索条件】选项组中设置相机制造商、相机型号和镜头类型。指定选项后，Photoshop 会给出与之匹配的镜头配置文件。在【镜头配置文件】选项中选择与相机和镜头匹配的配置文件，然后在【校正】选项组中选择要校正的缺陷，包括几何扭曲、色差和晕影。如果图像校正后超出了原始尺寸，可选中【自动缩放图像】复选框，或在【边缘】下拉列表中指定如何处理出现的空白区域。选择【边缘扩展】选项，可以扩展图像的边缘像素来填充空白区域；选择【透明度】选项，可以使空白区域保持透明；选择【黑色】或【白色】选项，则可以使用黑色或白色填充空白区域。

❸ 单击【自定】选项卡，可以手动校正镜头造成的扭曲、透视、色差和晕影效果。

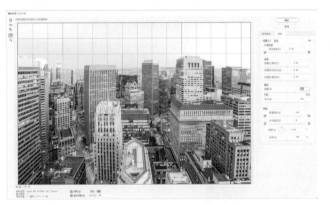

◐ 【几何扭曲】选项组中的【移去扭曲】选项主要用来校正镜头的桶形失真或枕形失真。该数值为正时，图像将向外扭曲；该数值为负时，图像将向中心扭曲。

◐ 【色差】选项用于校正色边。在进行校正时，放大预览窗口的图像，可以清楚地查看色边的校正情况。

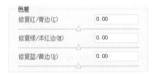

◐ 【晕影】选项组用来校正由于镜头缺陷或镜头遮光处理不正确而导致边缘较暗的图像。在【数量】选项中可以设置沿图像边缘变亮或变暗的程度。在【中点】选项中可以指定受【数量】滑块影响的区域的宽度，如果指定较小的数，会影响较多的图像区域；如果指定较大的数，则只会影响图像的边缘。

- 【变换】选项组中提供了用于校正图像透视和旋转角度的控制选项。【垂直透视】用来校正由于相机向上或向下倾斜而导致的图像透视，使图像中的垂直线平行。【水平透视】也用来校正由于相机原因导致的图像透视，与【垂直透视】不同的是，它可以使水平线平行。【角度】可以旋转图像以针对相机歪斜加以校正，或者在校正透视后进行调整。它与【拉直】工具的作用相同。

11.2.4　液化

扫一扫，看视频

【液化】滤镜主要用来制作图像的变形效果，常用于改变图形的形态或是修饰人像面部及身形。【液化】命令的使用方法比较简单，但功能相当强大，可以创建推、拉、旋转、扭曲和收缩等变形效果。

❶ 打开一个图像文件，选择【滤镜】|【液化】命令，可以打开【液化】对话框。

❷【液化】对话框左侧边缘为液化工具列表，其中包含多种可以对图像进行变形操作的工具。这些工具的操作方法非常简单，只需要在画面中按住鼠标左键并拖动鼠标即可观察到效果。变形操作的效果集中在画笔区域的中心，并且会随着鼠标在某个区域中的重复拖动而得到增强。

 提示：如何设置【液化】对话框的工具参数

【液化】对话框右侧区域为属性设置区域，其中【画笔工具选项】用于设置工具大小、压力等参数；【人脸识别液化】用于针对面部轮廓的各个部分进行设置；【载入网格选项】用于将当前液化变形操作以网格的形式进行存储，或者调用之前存储的液化网格；【蒙版选项】用于进行蒙版的显示、隐藏以及反相等的设置；【视图选项】用于设置当前画面的显示方式；【画笔重建选项】用于将图层恢复到之前效果。

- 【向前变形】工具：使用该工具后按住鼠标左键并拖动鼠标，可以向前推动像素。在变形时可以遵循"少量多次"的原则，保证变形效果更加自然。
- 【重建】工具：用于恢复变形的图像。在变形区域单击或拖动鼠标进行涂抹时，可以使变形区域的图像恢复到原来的效果。
- 【平滑】工具：可以对变形的像素进行平滑处理。

- 【顺时针旋转扭曲】工具：使用该工具可以旋转像素。将光标移到画面中按住鼠标左键并拖动鼠标即可顺时针旋转像素。如果按住 Alt 键进行操作，则可以逆时针旋转像素。
- 【褶皱】工具：可以使像素向画笔区域的中心移动，使图像产生内缩效果。
- 【膨胀】工具：可以使像素向画笔区域中心以外的方向移动，使画面产生向外膨胀的效果。
- 【左推】工具：使用该工具后按住鼠标左键从上至下拖动鼠标时，像素会向右移动。反之，像素则向左移动。
- 【冻结蒙版】工具：如果需要对某个区域进行处理，并且不希望操作影响到其他区域，可以使用该工具绘制出冻结区域，该区域不会发生变形。
- 【解冻蒙版】工具：使用该工具在冻结区域涂抹，可以将其解冻。
- 【脸部】工具：单击该按钮，进入面部编辑状态，软件会自动识别人物的脸部形状及五官，并在面部添加一些控制点，通过拖动控制点可以调整脸部形状及五官的形态；也可以在右侧的参数选项组中设置数值进行调整。

11.3 使用滤镜组

在 Photoshop 中，一些效果相近、工作原理相似的滤镜被集合在滤镜组中。滤镜组中滤镜的使用方法非常简单。

11.3.1 滤镜的使用方法

① 选择需要进行滤镜操作的图层。
② 选择【滤镜】|【模糊】|【动感模糊】命令，打开【动感模糊】对话框，接着进行参数设置。

扫一扫，看视频

❸ 在预览窗口中，可以预览滤镜效果，同时可以拖动预览窗口中的图像，以观察不同区域的效果。

 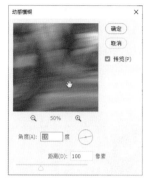

❹ 在任意一个滤镜对话框中，按住 Alt 键，【取消】按钮都将变成【复位】按钮。单击【复位】按钮，滤镜参数将恢复到默认设置。继续进行参数的调整，然后单击【确定】按钮。

❺ 如果图像中存在选区，则滤镜效果只应用在选区内。

11.3.2　智能滤镜的使用方法

在 Photoshop 中直接对图层进行滤镜操作，该操作直接作用于画面本身，是具有破坏性的，因此我们可以使用【智能滤镜】，使其变为非破坏性的、可再次调整的滤镜。

扫一扫，看视频

❶ 选择需要应用滤镜的图层，右击，在弹出的快捷菜单中选择【转换为智能对象】命令，将所选图层转换为智能对象，然后再使用滤镜，即可创建智能滤镜。如果当前图层为智能对象，可直接对其应用滤镜。除了【液化】【消失点】滤镜外，其他滤镜都可以当作智能滤镜使用。

❷ 应用于智能对象的任何滤镜都是智能滤镜，智能滤镜属于非破坏性滤镜，可以进行参数调整。选择【滤镜】|【滤镜库】命令，打开【滤镜库】对话框。在该对话框中，选中【素描】滤镜组中的【半调图案】滤镜并进行设置。

❸ 双击一个智能滤镜旁边的编辑混合选项图标 ☴，可以打开【混合选项 (滤镜库)】对话框。此时可设置滤镜的不透明度和混合模式。

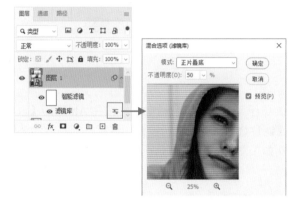

❹ 智能滤镜包含一个蒙版，默认情况下，该蒙版显示完整的滤镜效果。编辑滤镜蒙版可有选择地遮盖智能滤镜。滤镜蒙版的工作方式与图层蒙版相同，用黑色绘制的区域将隐藏滤镜效果；用白色绘制的区域，滤镜是可见的；用灰度绘制的区域，滤镜将以不同级别的透明度出现。单击蒙版将其选中，使用【渐变】工具或【画笔】工具在图像中创建黑白线性渐变，渐变会应用到蒙版中，并对滤镜效果进行遮盖。

11.3.3　风格化滤镜组

　　风格化滤镜组通过转换像素或查找并增加图像的对比度，生成绘画或印象派的效果。【风格化】滤镜组中包含【查找边缘】【等高线】【风】【浮雕效果】【扩散】【拼贴】【曝光过度】【凸出】【油画】和【照亮边缘】这 10 种滤镜效果。

1. 【查找边缘】滤镜

　　【查找边缘】滤镜主要用来搜索颜色像素对比度变化强烈的边界，将高反差区域变亮，低反差区域变暗，其他区域则介于这两者之间。该滤镜强化边缘的过渡像素，产生类似彩笔勾画轮廓的素描图像效果。打开一个图像文件，选择【滤镜】|【风格化】|【查找边缘】命令，无须设置任何参数。

2. 【等高线】滤镜

【等高线】滤镜常用于将图像转换为具有线条感的等高线图。打开一个图像文件，选择【滤镜】|【风格化】|【等高线】命令，在打开的【等高线】对话框中设置色阶数值、边缘类型后，单击【确定】按钮。【等高线】滤镜会以某个特定的色阶值查找主要亮度区域，并为每个颜色通道勾勒主要亮度区域的轮廓。

 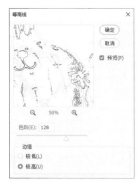 

- 【色阶】数值框：用来设置描绘边缘的基准亮度等级。
- 【边缘】选项：用来设置处理图像边缘的位置，以及边界的产生方法。选择【较低】时，可以在基准亮度等级以下的轮廓上生成等高线；选择【较高】时，则在基准亮度等级以上的轮廓上生成等高线。

3. 【风】滤镜

【风】滤镜可以将图像的边缘进行位移，创建出水平线，从而模拟风的动感效果，是制作纹理或为文字添加阴影效果时常用的滤镜工具。打开一个图像文件，选择【滤镜】|【风格化】|【风】命令，打开【风】对话框。在该对话框中可以设置风吹效果样式及风吹方向。

- 【方法】选项：可以选择 3 种类型的风，包括【风】【大风】和【飓风】。
- 【方向】选项：可设置风源的方向，即从右向左吹，还是从左向右吹。

267

4.【浮雕效果】滤镜

【浮雕效果】滤镜可以用来模拟金属雕刻的效果，该滤镜常用于制作硬币、金牌效果。打开一个图像文件，选择【滤镜】|【风格化】|【浮雕效果】命令，在打开的【浮雕效果】对话框中进行参数设置。该滤镜的工作原理是通过勾勒图像或选区的轮廓和降低周围颜色值来生成凹陷或凸起的浮雕视觉效果。

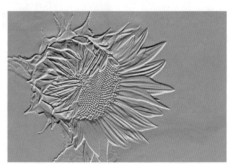

- 【角度】数值框：用来设置照射浮雕的光线角度。它会影响浮雕的凸出位置。
- 【高度】数值框：用来设置浮雕效果凸起的高度。
- 【数量】数值框：用来设置浮雕滤镜的作用范围。该值越大，边界越清晰，小于 40% 时，整个图像会变灰。

5.【扩散】滤镜

【扩散】滤镜可以制作类似于通过磨砂玻璃观察物体时分离、模糊的效果。打开一个图像文件，选择【滤镜】|【风格化】|【扩散】命令，在打开的【扩散】对话框中，选择合适的【模式】，然后单击【确定】按钮。该滤镜的工作原理是将图像中相邻的像素按指定的方式进行移动。

- 【正常】选项：图像的所有区域都进行扩散处理，与图像的颜色值没有关系。
- 【变暗优先】选项：用较暗的像素替换亮的像素，暗部像素扩散。
- 【变亮优先】选项：用较亮的像素替换暗的像素，只有亮部像素产生扩散。
- 【各向异性】选项：在颜色变化最小的方向上搅乱像素。

6.【拼贴】滤镜

【拼贴】滤镜常用于制作拼图效果，将图像分割成一系列的块状，并使其偏离原来的位置，以产生不规则拼贴的图像。打开一个图像文件，选择【滤镜】|【风格化】|【拼贴】命令，在打开的【拼贴】对话框中设置拼贴参数，然后单击【确定】按钮。

- 🍰 【拼贴数】文本框：用于设置图像拼贴块的数量。
- 🍰 【最大位移】文本框：用于设置拼贴块的间隙。

7. 【曝光过度】滤镜

【曝光过度】滤镜可以模拟出传统摄影技术中，暗房显影过程中短暂增强光线强度而产生的过度曝光效果。选择【滤镜】|【风格化】|【曝光过度】命令，在打开的【曝光过度】对话框中设置相关参数。

8. 【凸出】滤镜

【凸出】滤镜用于制作立方体向画面外凸出的 3D 效果。打开一个图像文件，选择【滤镜】|【风格化】|【凸出】命令，在打开的【凸出】对话框中进行参数的设置，然后单击【确定】按钮。该滤镜可以将图像分解成一系列大小相同且重叠放置的立方体或锥体，以生成特殊的 3D 效果。

- 🍰 【类型】选项：用来设置图像凸起的方式，包括【块】和【金字塔】。
- 🍰 【大小】文本框：用来设置立方体或金字塔底面的大小。该值越大，生成的立方体或锥体效果越大。
- 🍰 【深度】选项：用来设置凸出对象的高度，【随机】表示为每个块或金字塔设置一个任意的深度；【基于色阶】则表示使每个对象的深度与其亮度对应，越亮则凸出得越多。
- 🍰 【立方体正面】复选框：选中该复选框后，将失去图像整体轮廓，生成的立方体上只显示单一的颜色。
- 🍰 【蒙版不完整块】复选框：选中该复选框后，隐藏所有延伸出选区的对象。

9. 【油画】滤镜

【油画】滤镜主要用于将照片快速转换为油画效果，使用【油画】滤镜能够产生笔触鲜明、厚重，质感强烈的画面效果。打开一个图像文件，选择【滤镜】|【风格化】|【油画】命令，打开【油画】对话框，在这里可以对参数进行调整。

- 【描边样式】：调整描边样式，从涂抹到平滑描边效果，数值范围从 0.1 ～ 10。
- 【描边清洁度】：调整描边长度，数值范围从最短、最起伏的 0 至最长、最流畅的 10。
- 【缩放】：调整绘画的凸现或表面粗细，数值范围从细涂层的 0.1 至厚涂层的 10，以实现具有强烈视觉效果的印象派绘画品质。
- 【硬毛刷细节】：调整毛刷画笔压痕的明显程度，数值范围从较软的 0 至留下强刷痕的 10。
- 【角度】：调整光照（而非画笔描边）的入射角。如果要将油画合并到另一个场景中，则此设置非常重要。
- 【闪亮】：调整光源的亮度和油画表面的反射量。

10. 【照亮边缘】滤镜

【风格化】滤镜组中只有【照亮边缘】滤镜收录在滤镜库中。【照亮边缘】滤镜与【查找边缘】滤镜有些类似，只不过它在查找边缘的同时，将边缘照亮，制作出类似霓虹灯管的效果。选择【滤镜】|【滤镜库】命令，打开【滤镜库】对话框。在该对话框中的【风格化】滤镜组中可以选择【照亮边缘】滤镜。

练一练　增强主体轮廓

文件路径：第 11 章 \ 增强主体轮廓
难易程度：★☆☆☆☆
技术掌握：通道、【照亮边缘】滤镜

扫一扫，看视频

案例效果：

练一练　修复曝光过度的照片

文件路径：第 11 章 \ 修复曝光过度的照片
难易程度：★☆☆☆☆
技术掌握：【曝光过度】滤镜

扫一扫，看视频

案例效果：

11.3.4　模糊滤镜组

　　在 Photoshop 中选择【滤镜】|【模糊】命令，其子菜单中包含多种用于模糊图像的滤镜。这些滤镜多用于不同程度地减少图像相邻像素间的颜色差异，使该图像产生柔和、模糊的效果。

1.【动感模糊】滤镜

　　【动感模糊】滤镜可以对图像像素进行线性位移操作，从而产生沿某一方向运动的模糊效果，使静态图像产生动态效果。选择【滤镜】|【模糊】|【动态模糊】命令，在打开的【动态模糊】对话框中进行设置，然后单击【确定】按钮。【动感模糊】滤镜可以沿指定的方向，以指定的距离进行模糊，所产生的效果类似于在固定的曝光时间拍摄一个高速运动的对象。

扫一扫，看视频

❶ 打开一个图像文件，并按 Ctrl+J 快捷键复制【背景】图层。

❷ 选择【磁性套索】工具，在选项栏中设置【羽化】为 2 像素，然后选取图像中的汽车部分。

❸ 按 Shift+Ctrl+I 快捷键反选选区，选择【滤镜】|【模糊】|【动感模糊】命令。在打开的【动感模糊】对话框中，设置【角度】为 0 度，【距离】为 160 像素，然后单击【确定】按钮。按 Ctrl+D 组合键取消选区。

2. 【高斯模糊】滤镜

　　【高斯模糊】滤镜的应用十分广泛，如制作景深效果、投影效果等，它是【模糊】滤镜组中使用率最高的滤镜之一。其工作原理是在图像中添加低频细节，使图像产生一种朦胧的模糊效果。打开一个图像文件，选择【滤镜】|【模糊】|【高斯模糊】命令，在打开的【高斯模糊】对话框中设置合适的参数，然后单击【确定】按钮。该对话框中的【半径】选项用于设置模糊的范围，它以像素为单位，数值越大，模糊效果越强烈。

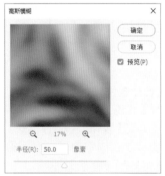

3. 【径向模糊】滤镜

　　【径向模糊】滤镜用于模拟具有辐射性的模糊效果，或相机前后移动、旋转产生的模糊效果。

❶打开一个图像文件，选中需要应用【径向模糊】滤镜的图层。

❷选择【滤镜】|【模糊】|【径向模糊】命令，在打开的【径向模糊】对话框中设置模糊的方法、品质及数量，然后单击【确定】按钮。

扫一扫，看视频

272

* 【数量】文本框：用于调节模糊效果的强度，数值越大，模糊效果越强。

(a) 数量：10　　　　　　　　　　　　　　　(b) 数量：80

* 【中心模糊】预览框：用于设置模糊从哪一点开始向外扩散，在预览框中单击任意一点即可从该点开始向外扩散。

* 【模糊方法】选项组：选中【旋转】单选按钮时，产生旋转式模糊效果；选中【缩放】单选按钮时，产生放射状模糊效果，该模糊的图像从模糊中心处开始放大。

(a) 模糊方法：旋转　　　　　　　　　　　　(b) 模糊方法：缩放

* 【品质】选项组：用于调节模糊质量。该选项组包括【草图】【好】【最好】3 个单选按钮。

❸ 在【图层】面板中，选中智能滤镜蒙版，使用【画笔】工具调整滤镜效果范围。

提示：使用【模糊】和【进一步模糊】滤镜

　　【模糊】和【进一步模糊】滤镜都可以对图像进行自动模糊处理。【模糊】滤镜利用相邻像素的平均值来代替相似的图像区域，从而达到柔化图像边缘的效果；【进一步模糊】滤镜比【模糊】滤镜的效果更加明显。这两个滤镜都没有参数设置对话框，如果想加强图像的模糊效果，可以多次使用该滤镜。

4. 【镜头模糊】滤镜

　　【镜头模糊】滤镜可以模拟镜头浅景深的模糊效果。选择【滤镜】|【模糊】|【镜头模糊】命令，在打开的【镜头模糊】对话框中，设置【源】为新创建的通道，并设置焦距、半径等参数。

- 【更快】选项：可提高预览速度。
- 【更加准确】选项：可查看图像的最终效果，但需要较长的预览时间。
- 【深度映射】选项组：在【源】选项的下拉列表中可以选择使用透明度和图层蒙版来创建深度映射。如果图像中包含 Alpha 通道并选择了【透明度】选项，则 Alpha 通道中的黑色区域被视为位于图像的前面，白色区域被视为位于远处的位置。【模糊聚焦】选项用来设置位于焦点内的像素的深度。如果选中【反相】复选框则可以反转蒙版和通道，然后再将其应用。
- 【光圈】选项组：用来设置模糊的显示方式。在【形状】下拉列表中可以设置光圈的形状；通过设置【半径】数值可以调整模糊的数量；拖动【叶片弯度】滑块可以对光圈边缘进行平滑处理；拖动【旋转】滑块可旋转光圈。
- 【镜面高光】选项：用来设置镜面高光的范围。【亮度】选项用来设置高光的亮度；【阈值】选项用来设置亮度截止点，比该截止点值亮的所有像素都被视为镜面高光。
- 【杂色】选项：拖动【数量】滑块可以在图像中添加或减少杂色。
- 【分布】选项：用来设置杂色的分布方式，包括【平均分布】和【高斯分布】。
- 【单色】选项：在不影响颜色的情况下向图像添加杂色。

5. 【特殊模糊】滤镜

　　【特殊模糊】滤镜常用于模糊画面中的褶皱、重叠的边缘，还可以进行图像的降噪处理。打开一个图像文件，选择【滤镜】|【模糊】|【特殊模糊】命令，然后在弹出的【特殊模糊】对话框中进行参数设置。设置完成后，单击【确定】按钮。【特殊模糊】滤镜只对有微弱颜色变化的区域进行模糊，模糊效果细腻，添加该滤镜后既能够最大程度上保留画面内容的真实形态，又能够使小的细节变得柔和。

- 【半径】文本框：设置模糊的范围。该值越大，模糊效果越明显。
- 【阈值】文本框：确定像素具有多大差异后才会被模糊处理。
- 【品质】下拉列表：设置图像的品质，包括【低】【中】和【高】3 种。
- 【模式】下拉列表：在该下拉列表中可以选择产生模糊效果的模式。在【正常】模式下，不会添加特殊效果；在【仅限边缘】模式下，会以黑色显示图像，以白色描边；在【叠加边缘】模式下，则以白色描绘出图像边缘像素亮度值变化强烈的区域。

练一练	制作星光效果	案例效果：

文件路径：第 11 章 \ 制作星光效果	
难易程度：★☆☆☆☆	
技术掌握：【动感模糊】滤镜	扫一扫，看视频

11.3.5 模糊画廊

【模糊画廊】滤镜组中的滤镜通过模仿各种相机的拍摄效果，模糊图像，创建景深效果，非常适用于图像的后期处理。

1.【场景模糊】滤镜

【场景模糊】滤镜可以在画面中的不同位置添加多个控制点，并对每个控制点设置不同的模糊数值，使画面中的不同部分产生不同的模糊效果。

❶ 打开一个图像文件，选择【滤镜】|【模糊画廊】|【场景模糊】命令，打开【场景模糊】工作区。

❷ 默认情况下，在画面中央位置自动添加一个控制点，这个控制点是用来控制模糊的位置。在工作区右侧通过设置【模糊】数值控制模糊的强度。

❸ 在画面中单击添加控制点，然后设置合适的模糊数值，需要注意远近关系，越远的地方模糊程度越大。

  (a) 模糊：50 像素   (b) 模糊：6 像素

- 【光源散景】选项：用于控制光照亮度。该数值越大，高光区域的亮度就越高。
- 【散景颜色】选项：通过调整数值，控制散景区域颜色的程度。
- 【光照范围】选项：通过调整滑块，用色阶来控制散景的范围。

2. 【光圈模糊】滤镜

  【光圈模糊】滤镜是一个单点模糊滤镜，使用【光圈模糊】滤镜可以根据不同的要求对焦点的大小与形状、图像其余部分的模糊数量以及清晰区域与模糊区域之间的过渡效果进行相应的设置。

扫一扫，看视频

❶ 打开一个图像文件，选择【滤镜】|【模糊画廊】|【光圈模糊】命令，打开【光圈模糊】工作区。在工作区中可以看到画面中添加了一个控制点并且带有控制框，控制框以外的区域为被模糊的区域。在工作区右侧可以设置【模糊】选项来控制模糊的程度。

❷ 在画面上，将光标放置在控制框上，可以缩放、旋转控制框，或按住鼠标左键拖动控制框右上角的控制点可改变控制框的形状。

❸ 拖动控制框内侧的圆形控制点可以调整模糊的效果。

3.【移轴模糊】滤镜

移轴摄影是一种特殊的摄影方式，从画面上看所拍摄的照片效果就像是微缩模型一样。使用【移轴模糊】滤镜可以轻松地模拟移轴摄影效果。

扫一扫，看视频

❶ 打开一个图像文件，选择【滤镜】|【模糊画廊】|【移轴模糊】命令，可以打开【移轴模糊】工作区，在其右侧控制模糊强度。

❷ 如果想要调整画面中清晰区域的范围，可以按住并拖动中心点的位置，拖动上下两端的【虚线】可以调整清晰和模糊范围的过渡效果。

4.【路径模糊】滤镜

【路径模糊】滤镜可以沿着一定方向进行画面模糊，使用该滤镜可以在画面中创建任何角度的直线或者弧线的控制杆，像素沿着控制杆的走向进行模糊。【路径模糊】滤镜用于制作动态模糊效果，并且能够制作出多角度、多层次的模糊效果。

❶ 打开一个图像文件，选择【滤镜】|【模糊画廊】|【路径模糊】命令，可以打开【路径模糊】工作区。默认情况下，画面中央有一个箭头形状的控制杆。

❷ 在工作区右侧进行参数的设置，可以看到画面中所选的部分发生了横向的带有运动感的模糊。通过调整【速度】参数调整模糊的强度，调整【锥度】参数调整模糊边缘的渐隐强度。

❸ 拖动控制点，可以改变控制杆的形状，同时会影响模糊的效果。用户也可以在控制杆上单击来添加控制点，并调整箭头的形状。

5.【旋转模糊】滤镜

【旋转模糊】滤镜与【径向模糊】滤镜的效果较为相似，但【旋转模糊】滤镜的功能更加强大。【旋转模糊】滤镜可以一次性在画面中添加多个模糊点，还能够随意控制每个模糊点的模糊范围、形状与强度。打开一个图像文件，选择【滤镜】|【模糊画廊】|【旋转模糊】命令，打开【旋转模糊】工作区，在右侧调整【模糊】数值可以调整模糊的强度。

11.3.6　扭曲滤镜组

【扭曲】滤镜组中的滤镜可以对图像进行扭曲，使其产生旋转、挤压和水波等变形效果。在处理图像时，这些滤镜会占用大量内存，如果文件较大，可以先在小尺寸的图像上试验。

1.【波浪】滤镜

【波浪】滤镜可以在图像上创建不同波长和波幅的波纹效果。该滤镜应用非常广泛，如制作包装边缘的撕口。

在图像文件中，绘制一个矩形，选择【滤镜】|【扭曲】|【波浪】命令，打开【波浪】对话框。在该对话框中进行类型及其他参数的设置，设置完成后单击【确定】按钮。

 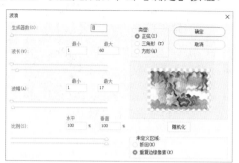 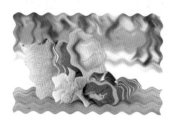

- 🌀 【生成器数】文本框：用于设置产生波浪的波源数目。
- 🌀 【波长】文本框：用于控制波峰间距，其中包含【最小】和【最大】两个参数，分别表示最短波长和最长波长，最短波长的值不能超过最长波长的值。
- 🌀 【波幅】文本框：用于设置波动幅度，其中包含【最小】和【最大】两个参数，分别表示最小波幅和最大波幅，最小波幅不能超过最大波幅。

  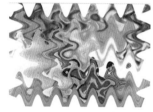 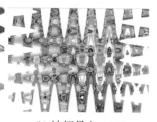

(a) 波长最大：30　　(b) 波长最大：110　　(a) 波幅最大：100　　(b) 波幅最大：300

- 🌀 【比例】文本框：用于调整水平和垂直方向的波动幅度。
- 🌀 【类型】选项组：用于设置波动类型，有【正弦】【三角形】和【方形】3 种类型。

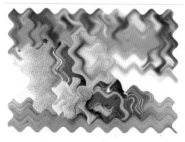  

(a) 正弦　　　　　　　(b) 三角形　　　　　　　(c) 方形

- 🌀 【随机化】按钮：单击该按钮，可以随机改变图像的波动效果。
- 🌀 【未定义区域】选项组：用来设置如何处理图像中出现的空白区域，选择【折回】单选按钮，可在空白区域填入溢出的内容；选择【重复边缘像素】单选按钮，可填入扭曲边缘的像素颜色。

2. 【极坐标】滤镜

【极坐标】滤镜可以将图像从平面坐标转换为极坐标，或将图像从极坐标转换为平面坐标以生成扭曲图像的效果。简单来说，该滤镜可以实现以下两种效果：第一种是将图像左右两侧作为边界并首尾相连，中间的像素将会被挤压，四周的像素被拉伸，从而形成一个圆形；第二种则相反，将原本环形内容的图像从中切开，并拉伸成平面。

(a) 原图	(b) 平面坐标到极坐标	(c) 极坐标到平面坐标

3.【水波】滤镜

【水波】滤镜可以模拟石子落入平静的水面而形成的涟漪效果。选择一个图层或绘制一个选区，选择【滤镜】|【扭曲】|【水波】命令，在打开的【水波】对话框中进行参数设置。设置完成后，单击【确定】按钮。

4.【旋转扭曲】滤镜

【旋转扭曲】滤镜可以使图像围绕图像的中心进行顺时针或逆时针旋转。打开一个图像文件，选择【滤镜】|【扭曲】|【旋转扭曲】命令，打开【旋转扭曲】对话框。在【旋转扭曲】对话框中设置【角度】为正值时，图像以顺时针旋转；设置【角度】为负值时，图像以逆时针旋转。

5.【置换】滤镜

【置换】滤镜可以指定一个图像，并使用该图像的颜色、形状和纹理等来确定当前图像中的扭曲方式，最终使两个图像交错组合在一起，产生位移扭曲效果。这里的指定图像被称为置换图，而且置换图的格式必须是 PSD 格式。

扫一扫，看视频

280

❶ 打开一个图像文件，并按 Ctrl+J 快捷键复制【背景】图层。

❷ 选择【滤镜】|【像素化】|【点状化】命令，打开【点状化】对话框。在该对话框中，设置【单元格大小】数值为 10，然后单击【确定】按钮。

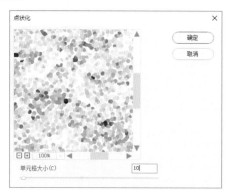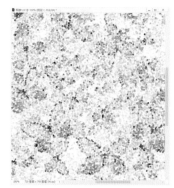

❸ 选择【文件】|【存储为】命令，打开【存储为】对话框。在该对话框的【保存类型】下拉列表中选择 *.PSD 格式，然后单击【保存】按钮。

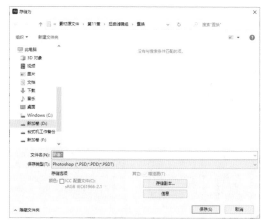

❹ 选择【文件】|【打开】命令，打开另一个图像文档，并按 Ctrl+J 快捷键复制【背景】图层。

❺ 选择【滤镜】|【扭曲】|【置换】命令，打开【置换】对话框。在该对话框中，设置【水平比例】和【垂直比例】数值均为 150，然后单击【确定】按钮。

❻ 在打开的【选取一个置换图】对话框中，选中刚保存的 PSD 文档，然后单击【打开】按钮即可创建图像效果。

练一练　制作夜空图

文件路径：第 11 章 \ 制作夜空图
难易程度：★☆☆☆☆
技术掌握：【极坐标】滤镜

扫一扫，看视频

案例效果：

举一反三　添加倒影效果

文件路径：第 11 章 \ 添加倒影效果
难易程度：★★☆☆☆
技术掌握：滤镜库、【置换】滤镜

扫一扫，看视频

案例效果：

11.3.7　锐化滤镜组

【锐化】滤镜组中的滤镜主要通过增强图像相邻像素间的对比度，使图像轮廓分明、纹理清晰，从而减弱图像的模糊程度。

1.【USM 锐化】滤镜

【USM 锐化】滤镜可以查找图像中颜色差异明显的区域，然后将其锐化。这种锐化方式能够在锐化画面的同时，不增加过多的噪点。打开一个图像文件，选择【滤镜】|【锐化】|【USM 锐化】命令，在打开的【USM 锐化】对话框中设置图像的锐化程度。

- 【数量】文本框：设置锐化效果的强度。该值越大，锐化效果越明显。
- 【半径】文本框：设置锐化的范围。
- 【阈值】文本框：只有相邻像素间的差值达到该值所设定的范围时才会被锐化。该数值越大，被锐化的像素就越少。

2.【防抖】滤镜

　　【防抖】滤镜用来减少由于相机震动而产生的拍照模糊的问题，如线性运动、弧形运动、旋转运动、Z 字形运动产生的模糊。【防抖】滤镜适合处理对焦正确、曝光适度、杂色较少的照片。选择【滤镜】|【锐化】|【防抖】命令，打开【防抖】对话框。在该对话框中，画面中央会显示【模糊评估区域】，并以默认数值进行防抖锐化处理。

3.【智能锐化】滤镜

　　【智能锐化】滤镜具有【USM 锐化】滤镜所没有的锐化控制功能。在该滤镜对话框中可以设置锐化算法，或控制在阴影和高光区域中进行的锐化量。在进行操作时，用户可将文档窗口缩放到 100%，以便精确地查看锐化效果。选择【滤镜】|【锐化】|【智能锐化】命令，打开【智能锐化】对话框。在【智能锐化】对话框的下方单击【阴影 / 高光】选项右侧的 》图标，将显示【阴影】/【高光】参数设置选项。在该对话框中可分别调整阴影和高光区域的锐化强度。

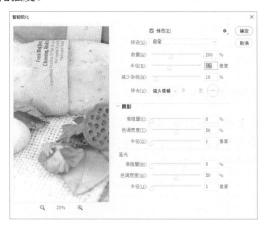

- 【数量】数值框：用来设置锐化数量，较高的值可以增强边缘像素之间的对比度，使图像看起来更加锐利。
- 【半径】数值框：用来确定受锐化影响的边缘像素的数量。该值越大，受影响的边缘就越宽，锐化的效果也就越明显。
- 【减少杂色】数值框：用来控制图像的杂色量。该值越大，画面效果越平滑，杂色越少。
- 【移去】下拉列表：在该下拉列表中可以选择锐化算法。选择【高斯模糊】，可以使用【USM 锐化】滤镜的方法进行锐化；选择【镜头模糊】，可以检测图像中的边缘和细节，对细节进行更精确的锐化，减少锐化的光晕；选择【动感模糊】，可以通过设置【角度】来减少由于相机或主体移动而导致的模糊。
- 【渐隐量】数值框：可以降低锐化效果。其类似于【编辑】菜单中的【渐隐】命令。
- 【色调宽度】数值框：用来设置阴影和高光中色调的修改范围。在【阴影】选项组中，较小的值会限制只对较暗区域进行阴影校正调整；在【高光】选项组中，较小的值只对较亮区域进行高光校正调整。
- 【半径】数值框：用来控制每个像素周围的区域大小，它决定了像素是在阴影中还是在高光中。向左移动滑块会指定较小的区域，向右移动滑块会指定较大的区域。

11.3.8　像素化滤镜组

【像素化】滤镜组中的滤镜通过将图像中相似颜色值的像素转换成单元格的方法，使图像分块或平面化，从而创建彩块、点状、晶格和马赛克等特殊效果。

1.【彩色半调】滤镜

【彩色半调】滤镜可以模拟在图像的每个通道上使用放大的半调网屏效果，使图像看起来类似印刷效果。打开一个图像文件，选择【滤镜】|【像素化】|【彩色半调】命令，在打开的【彩色半调】对话框中进行参数设置。设置完成后，单击【确定】按钮。

- 【最大半径】文本框：用来设置生成的最大网点的半径。
- 【网角 (度)】选项：用来设置图像中各个原色通道的网点角度。如果图像为灰度模式，只能使用【通道 1】；图像为 CMYK 模式，可以使用所有通道。当各个通道中网角设置的数值相同时，生成的网点会重叠显示出来。

2.【点状化】滤镜

【点状化】滤镜可以从图像中提取颜色，并以彩色斑点的形式将画面中内容重新呈现出来。该滤镜常用来模拟点彩绘画效果。打开一个图像文件，选择【滤镜】|【像素化】|【点状化】命令，在打开的【点状化】对话框中进行参数设置。设置完成后，单击【确定】按钮。

 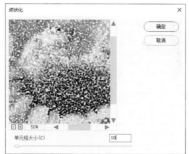 

3.【晶格化】滤镜

【晶格化】滤镜可以使图像中相近的像素集中到一个多边形色块中，从而把图像分割成许多个多边形的小色块，产生类似结晶的颗粒效果。打来一个图像文件，选择【滤镜】|【像素化】|【晶格化】命令，在打开的【晶格化】对话框中进行参数设置。设置完成后，单击【确定】按钮。

4.【马赛克】滤镜

【马赛克】滤镜常用于隐藏画面的局部信息，也可以用来制作一些特殊的图案效果。打开一个图像文件，选择【滤镜】|【像素化】|【马赛克】命令，在打开的【马赛克】对话框中进行参数的设置。设置完成后，单击【确定】按钮。

5.【铜版雕刻】滤镜

【铜版雕刻】滤镜可以在图像中随机生成各种不规则的直线、曲线和斑点，使图像产生金属般效果。

打开一个图像文件，选择【滤镜】|【像素化】|【铜版雕刻】命令，打开【铜版雕刻】对话框。在该对话框中选择合适的【类型】选项，然后单击【确定】按钮。

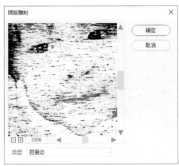

11.3.9　杂色滤镜组

【杂色】滤镜组可以添加或移去图像中的杂色,这样有助于将选择的像素混合到周围的像素中。该滤镜组中包括了【减少杂色】【蒙尘与划痕】【去斑】【添加杂色】和【中间值】等滤镜。

1. 【减少杂色】滤镜

【减少杂色】滤镜可以进行降噪和磨皮操作。该滤镜可以对整个图像进行统一的参数设置,也可以对各个通道的降噪参数分别进行设置,尽可能多地在保留边缘的前提下减少图像中的杂色。打开一个图像文件,选择【滤镜】|【杂色】|【减少杂色】命令,打开【减少杂色】对话框。在该对话框中,【基本】选项组用来设置滤镜的基本参数,包括【强度】【保留细节】【减少杂色】和【锐化细节】等。在该对话框中,选择【高级】单选按钮可显示更多选项。【整体】选项卡中的设置与【基本】选项组中的选项相同。在【每通道】选项卡中可以对不同的通道分别进行减少杂色参数的设置。

- 【强度】文本框:用来控制应用于所有图像通道的亮度杂色减少量。
- 【保留细节】文本框:用来设置图像边缘和图像细节的保留程度。当该值为 100% 时,可保留大多数图像细节,但会将亮度杂色减到最少。
- 【减少杂色】文本框:用于减少色差杂色的强度。
- 【锐化细节】文本框:用来消除随机的颜色像素。该值越大,较少的杂色越多。
- 【移去 JPEG 不自然感】复选框:可以去除由于使用低 JPEG 品质设置存储图像而导致的斑驳的图像伪像和光晕。

2. 【蒙尘与划痕】滤镜

【蒙尘与划痕】滤镜可通过使图像中有缺陷的像素融入周围的像素中,达到除尘和涂抹的目的,常用

于对扫描、拍摄图像中的蒙尘和划痕进行处理。打开一个图像文件，选择【滤镜】|【杂色】|【蒙尘与划痕】命令，打开【蒙尘与划痕】对话框。在该对话框中进行参数设置，随着参数的调整，画面中的细节会减少，画面中大部分接近的颜色都被合并为一个颜色。设置完成后，单击【确定】按钮。通过这样的操作，可以将噪点与周围正常的颜色融合以达到降噪的目的，也能够实现较少照片细节，使其更接近绘画作品的目的。

- 【半径】文本框：用于调整清除缺陷的范围。该数值越大，图像中颜色像素之间的融合范围越大。
- 【阈值】文本框：用于确定要进行像素处理的阈值。该值越大，图像所能容许的杂色就越多，去杂效果越弱。

提示：使用【去斑】滤镜

　　【去斑】滤镜通过对图像或选区内的图像进行轻微的模糊、柔化，达到掩饰细小斑点、消除轻微折痕的作用。这种模糊可在去掉杂色的同时保留原来图像的细节。

3. 【添加杂色】滤镜

　　【添加杂色】滤镜可以在图像中添加随机的单色或彩色的像素点。打开一个图像文件，选择【滤镜】|【杂色】|【添加杂色】命令，在打开的【添加杂色】对话框中进行参数设置。设置完成后，单击【确定】按钮。图像在经过较大程度的变形或绘画涂抹后，表面细节会缺失，使用【添加杂色】滤镜能够在一定程度上为该区域增添一些像素，以增强细节感。

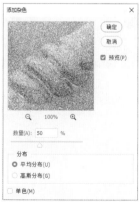

- 【数量】文本框：用来设置杂色的数量。
- 【分布】选项：用来设置杂色的分布方式。选择【平均分布】单选按钮，图像中会随机地加入杂点，

效果比较柔和；选择【高斯分布】单选按钮，图像会以一条钟形曲线分布的方式来添加杂点，杂点较强烈。

- 🖐 【单色】复选框：选中该复选框，杂点只影响原有像素的亮度，像素颜色不改变。

🏷 4.【中间值】滤镜

　　【中间值】滤镜通过混合选区中像素的亮度来减少图像的杂色。打开一个图像文件，选择【滤镜】|【杂色】|【中间值】命令，在打开的【中间值】对话框中进行参数设置。设置完成后，单击【确定】按钮。

　　【中间值】滤镜可以搜索像素选区的半径范围以查找亮度相近的像素，扔掉与相邻像素差异太大的像素，并用搜索到的像素的中间亮度值替换中心像素，在消除或减少图像的动感效果时非常有用。

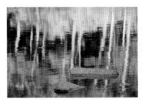

练一练　制作雨天效果

| 文件路径：第 11 章 \ 制作雨天效果 |
| 难易程度：★★☆☆☆ |
| 技术掌握：【添加杂色】【阈值】滤镜 |

扫一扫，看视频

案例效果：

练一练　制作素描效果

| 文件路径：第 11 章 \ 制作素描效果 |
| 难易程度：★★★☆☆ |
| 技术掌握：去色、添加滤镜 |

扫一扫，看视频

案例效果：

第 12 章

文档的自动处理

本章内容简介

　　动作包括了一系列在 Photoshop 中进行的图像编辑操作步骤。通过运用动作，能够在单个文件或一批文件中执行一系列操作任务。批处理则用于将一个或多个图像以某种特定的规律进行变换，从而生成一种特殊的效果。本章主要介绍创建动作、运用批处理提高工作效率的操作方法。

本章重点内容

- 掌握记录动作与播放动作的方法
- 载入动作库文件
- 使用批处理快速处理大量文件

12.1 动作：自动处理文件

【动作】是一个非常方便的功能，通过使用【动作】可以快速为不同的图片进行相同的操作。

12.1.1 认识【动作】面板

在 Photoshop 中可以存储多个动作或动作组，这些动作可以在【动作】面板中找到。【动作】面板是进行文件自动化处理的核心工具之一，在【动作】面板中可以进行【动作】的记录、播放、编辑、删除、管理等操作。

选择【窗口】|【动作】命令，或按 Alt+F9 快捷键，打开【动作】面板。在【动作】面板中罗列的动作也可以进行排列顺序的调整、名称的设置或删除等，这些操作与图层操作非常相似。

- 切换对话开 / 关▢：如果命名前显示该标志，表示动作执行到该命令时会暂停，并且打开相应命令的对话框，此时可修改命令的参数，按下【确定】按钮可继续执行后面的动作。如果动作组和动作前出现该标志，并显示为红色，则表示该动作中有部分命令设置了暂停。
- 【停止播放 / 记录】按钮 ▪：用来停止播放动作和停止记录动作。
- 【开始记录】按钮 ●：单击该按钮可以开始记录动作。
- 【播放选定动作】按钮 ▶：选择一个动作后，单击该按钮可播放该动作。
- 【创建新组】按钮 ▢：单击该按钮可创建一个新的动作组，以保存新建的动作。
- 【创建新动作】按钮 ▢：单击该按钮可以创建一个新的动作。
- 【删除】按钮 ▥：选择动作组、动作和命令后，单击该按钮可以将其删除。

12.1.2 记录动作

在 Photoshop 中能够被记录的内容很多，绝大多数的图像调整命令、部分工具 (选框工具、套索工具、魔棒工具、裁剪、切片、魔术橡皮擦、渐变、油漆桶、文字、形状、注释、吸管和颜色取样器) 以及部分面板操作 (历史记录、色板、颜色、路径、通道、图层和样式) 都可以被记录。

扫一扫，看视频

❶ 打开一个图像文件，选择【窗口】|【动作】命令，或按 Alt+F9 快捷键，打开【动作】面板。在【动作】面板中，单击【创建新动作】按钮 ▢。在打开的【新建动作】对话框中设置【名称】，为了便于查找记录，也可以设置【颜色】，然后单击【记录】按钮，开始记录操作。

❷ 进行一些操作，【动作】面板中会自动记录当前进行的一系列操作。操作完成后，可以在【动作】面板中单击【停止播放 / 记录】按钮 ▪ 停止记录，可以看到当前记录的动作。

12.1.3　播放动作

　　【动作】新建并记录完成后，就可以对其他文件播放动作了。播放动作可以对图像应用所选动作或者动作中的一部分。

❶ 打开一个图像文件，在【动作】面板中选择刚创建的动作，然后单击【播放选定动作】按钮，随即会进行动作的播放。

扫一扫，看视频

❷ 播放动作时也可以只播放动作中的某一个命令。单击动作前面的 › 按钮展开动作，选择一个条目，单击【播放选定动作】按钮，即可从选定条目进行动作的播放。

12.1.4 在动作中插入命令、菜单项目、停止和路径

在 Photoshop 中，大部分的操作都可以被记录在【动作】面板中。对于有些不能被记录为动作的操作，也可以插入菜单项目或停止命令。对已完成记录的动作，还可以添加步骤，修改参数。

1. 插入命令

❶ 单击动作中的一个命令，单击【开始记录】按钮。再执行其他命令，如使用某个滤镜。

❷ 单击【停止播放/记录】按钮 ▪ 停止录制，便可将滤镜命令插入动作中。

2. 插入菜单项目

有些命令不能用动作录制下来，如绘画工具和色调工具的操作、【视图】和【窗口】菜单中的命令等。对于这些项目，我们可以使用【动作】面板菜单中的【插入菜单项目】命令。

❶ 在【动作】面板中，选中需要插入菜单项目的步骤。单击面板菜单按钮，在弹出的菜单中选择【插入菜单项目】命令，打开【插入菜单项目】对话框。

❷ 打开【插入菜单项目】对话框后，进行相应的操作，如选择【视图】|【显示】|【网格】命令。此时，【插入菜单项目】对话框中的【菜单项】右侧会出现【显示：网格】字样。单击【确定】按钮关闭对话框，显示网格的命令便插入动作中。

3. 插入停止

如果想让动作运行到某一步后自动暂停，可以单击这一步，然后选择【动作】面板菜单中的【插入停止】命令，在打开的对话框中输入提示信息，并选中【允许继续】复选框，单击【确定】按钮，即可将停止指令插入动作中。

❶ 在【动作】面板中，在需要插入停止的命令上单击，然后单击面板菜单按钮，在弹出的菜单中选择【插入停止】命令。

❷ 在打开的【记录停止】对话框中输入提示信息，并选中【允许继续】复选框，单击【确定】按钮。
❸ 此时，停止动作就会被插入【动作】面板中。根据输入的提示信息，对图像进行编辑操作。

接着单击【播放选定动作】按钮播放动作，当播放到停止动作时，Photoshop 会弹出一个【信息】提示框，在该提示框中如果单击【继续】按钮，则不会停止动作，并继续播放后面的动作；单击【停止】按钮，则会停止播放当前动作，停止后可以进行其他操作。

4. 插入路径

在记录动作的过程中，绘制的路径形状是不会被记录的，使用【插入路径】命令可以将路径作为动作的一部分包含在动作中。

❶ 在文件中绘制需要使用的路径。

❷ 在【动作】面板中选择一个命令，单击面板菜单按钮，在弹出的菜单中选择【插入路径】命令。随即在所选动作的下方会出现【设置工作路径】命令。

12.2 存储和载入动作

在 Photoshop 中，【动作】面板显示了一些动作，除此之外，【动作】面板菜单中还有其他一些动作列表，这些动作都可以被载入使用。

录制好的【动作】可以以动作库的形式导出为独立的文件。这样可以在不同的计算机之间使用相同的动作来进行图像处理，同时也方便存储。如果从别处获取【动作库】文件，也可以通过【动作】面板菜单中的命令进行载入。

12.2.1 存储动作库文件

编辑完成的【动作】可以进行存储，以便下次重复使用。

❶ 在【动作】面板中单击选择动作组，然后单击面板菜单按钮，在弹出的菜单中选择【存储动作】命令。

❷ 在打开的【另存为】对话框中设置合适的名称、保存类型，单击【保存】按钮，完成存储操作。

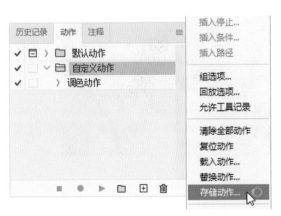

12.2.2　使用其他预设动作

Photoshop 中提供了一些预设的动作以供用户使用，可以单击【动作】面板菜单按钮，在弹出菜单的底部可以看到预设的动作选项，单击某一项即可载入该动作。

12.2.3　载入动作库文件

【动作】可以进行存储，同样外部的 .atn 动作库文件也可以载入进来。不仅如此，用户还可以在网站上下载并载入动作。

❶ 打开【动作】面板，单击面板菜单按钮，在弹出的菜单中选择【载入动作】命令。

❷ 在打开的【载入】对话框中选择动作，单击【载入】按钮，该动作就被载入【动作】面板中。

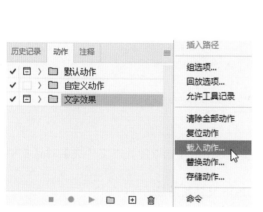 

提示：复位与替换动作

　　复位动作：在面板菜单中选择【复位动作】命令，可以将【动作】面板中的动作恢复到默认状态。

　　替换动作：在面板菜单中选择【替换动作】命令，可以将【动作】面板中的所有动作替换为硬盘中的其他动作。

12.3 自动处理大量文件

我们在工作中经常会遇到将多张数码照片调整到统一尺寸、统一色调或制作批量的证件照等情况。如果照片一张一张地进行处理，非常耗费时间和精力，使用批处理命令可以快速地、轻松地处理大量的文件。

扫一扫，看视频

❶ 首先需要准备一个动作，接着将需要进行批量处理的图片放在同一个文件夹中。

❷ 选择【文件】|【自动】|【批处理】命令，打开【批处理】对话框。因为批处理需要使用动作，而在上一步中已经准备了动作，所以首先设置需要播放的【组】和【动作】。

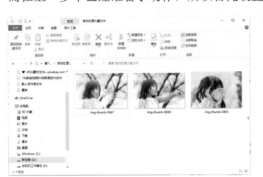

❸ 接着设置批处理的【源】。在步骤❶中已经将需要处理的文件都放在了一个文件夹中，因此设置【源】为【文件夹】，单击【选择】按钮，在弹出的【选取批处理文件夹】对话框中选择相应的文件夹，然后单击【选择文件夹】按钮。

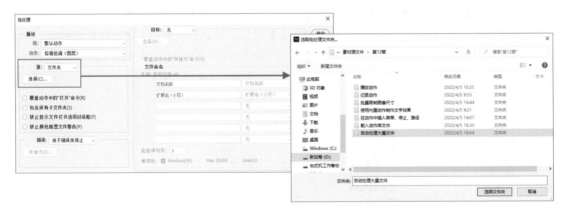

💿 选择【文件夹】选项并单击下面的【选择】按钮时，可以在弹出的【选取批处理文件夹】对话框中选择一个文件夹。

💿 选择【导入】选项时，可以处理来自扫描仪、数码相机、PDF 文档的图像。

💿 选择【打开的文件】选项时，可以处理当前所有打开的文件。

💿 选择 Bridge 选项时，可以处理 Adobe Bridge 中选定的文件。

💿 选中【覆盖动作中的"打开"命令】复选框时，在批处理时忽略动作中记录的"打开"命令。

💿 选中【包含所有子文件夹】复选框时，可以将批处理应用到所选文件夹中包含的子文件夹。

💿 选中【禁止显示文件打开选项对话框】复选框时，在批处理时不会打开文件选项对话框。

💿 选中【禁止颜色配置文件警告】复选框时，在批处理时会关闭颜色方案信息的显示。

❹ 设置【目标】选项。因为需要将处理后的图片放在同一个文件夹里，所以将【目标】设置为【文件夹】，

单击【选择】按钮,在弹出的【选取目标文件夹】对话框中选择或新建一个文件夹,然后单击【选择文件夹】按钮完成选择操作。选中【覆盖动作中的"存储为"命令】复选框。

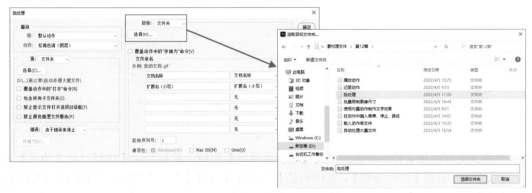

- 【覆盖动作中的"存储为"命令】:如果动作中包含【存储为】命令,则选中该复选框后,在进行批处理时,动作中的【存储为】命令将引用批处理的文件,而不是动作中指定的文件名和位置。当选中【覆盖动作中的"存储为"命令】复选框后,会打开【批处理】信息提示框。

- 【文件名称】:将【目标】选项设置为【文件夹】后,可以在该选项组的6个选项中设置文件的名称规范,指定文件的兼容性,包括 Windows(W)、Mac OS(M) 和 Unix(U)。

❺ 设置完成后,单击【确定】按钮,接下来就可以进行批处理操作。

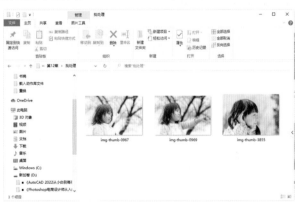

12.4 批量限制图像尺寸

使用【图像处理器】可以快速、统一地对选定图片的格式、大小等选项进行修改,极大地提高了工作效率。

❶ 将需要处理的文件放在一个文件夹内。选择【文件】|【脚本】|【图像处理器】命令,打开【图像处理器】对话框。首先设置需要处理的文件,单击【选择文件夹】按钮,在弹出的【选取源文件夹】对话框中选择需要处理文件所在的文件夹。

扫一扫,看视频

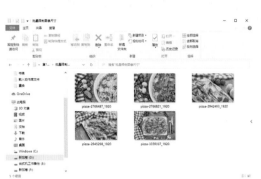
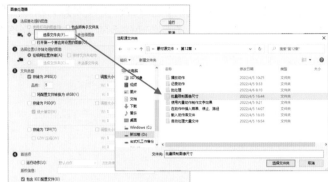

❷ 选择一个存储处理图像文件的位置。单击【选择文件夹】按钮，在打开的【选择目标文件夹】对话框中选择一个文件夹。设置【文件类型】，其中包括【存储为 JPEG】【存储为 PSD】和【存储为 TIFF】3 种。在这里选中【存储为 JPEG】复选框，设置图像的【品质】为 5，因为需要调整图像的尺寸，所以选中【调整大小以适合】复选框，然后设置相应的尺寸。

提示：使用【图像处理器】的注意事项

在【图像处理器】对话框中进行尺寸的设置时，如果原图尺寸小于设置的尺寸，那么该尺寸不会改变。也就是说，图形调整尺寸是按照比例进行缩放的，不是进行裁剪或不等比缩放。

❸ 如果需要使用动作进行图像的处理，可以选中【运行动作】复选框。本案例不需要使用动作，所以无须选中。设置完成后，单击【图像处理器】对话框中的【运行】按钮。处理完成后再打开存储的文件夹，即可看到处理后的图片。

提示：将【图像处理器】对话框中所做配置进行存储

设置好参数配置后，可以单击【存储】按钮，将当前设置存储起来。在下次需要使用到这个配置时，就可以单击【载入】按钮来载入保存的参数配置。

第 13 章
综合实例应用

本章内容简介

　　本章为常见的平面设计、界面设计、创意合成和数码后期处理等综合案例，结合前面章节所学知识，总结规律并融会贯通，从而练习整合应用 Photoshop 多种功能的能力。通过学习本章内容，读者可以尝试各种类型的设计，有助于读者积累实战经验。

本章重点内容

- 制作啤酒广告
- 制作赛事海报
- 制作 App 界面
- 制作图像创意拼合效果

部分案例详解

13.1 制作啤酒广告

文件路径：第13章\制作啤酒广告

难易程度：★★★☆☆

+ 技术掌握：图层混合模式、图层样式

扫一扫，看视频

案例效果：

Step 01 选择【文件】|【新建】命令，打开【新建文档】对话框。在该对话框中单击【打印】选项卡，在【空白文档预设】选项组中单击【A4】选项，然后在名称文本框中输入"啤酒广告"，再单击【创建】按钮。

Step 02 选择【文件】|【置入嵌入对象】命令，打开【置入嵌入的对象】对话框。在该对话框中，选择所需

的蓝天图像文件，然后单击【置入】按钮。

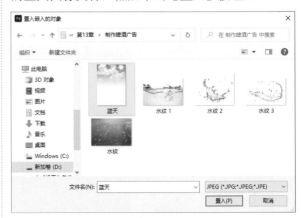

Step 03 在图像文档中置入图像，并调整图像大小及位置，然后按 Enter 键确认。

Step 04 选择【文件】|【置入嵌入对象】命令，打开【置入嵌入的对象】对话框。在该对话框中，选择所需的水纹图像文件，然后单击【置入】按钮。在图像文档中置入图像，并调整图像大小及位置，然后按 Enter 键确认。

Step 05 选择【文件】|【置入嵌入对象】命令，打开【置入嵌入的对象】对话框。在该对话框中，选择所需的啤酒图像文件，然后单击【置入】按钮。在图像文档中置入图像，并调整图像大小及位置，然后按 Enter 键确认。

Step 06 在【图层】面板中，选中【水纹】图层，按 Ctrl+J 快捷键生成【水纹 拷贝】图层。将【水纹 拷贝】图层放置在【图层】面板最上方，并设置图层混合模式为【叠加】、【不透明度】为65%。

Step 07 在【图层】面板中选中【啤酒】图层,按 Ctrl 键并单击【创建新图层】按钮,新建【图层 1】图层。选择【渐变】工具,在选项栏中单击【径向渐变】按钮,再单击渐变预览条,打开【渐变编辑器】对话框。在该对话框中,设置渐变填充色为 R:255 G:255 B:102 至不透明度 0% 白色,然后单击【确定】按钮。使用【渐变】工具在啤酒瓶中心单击,并按住鼠标左键向外拖动,释放鼠标左键,填充渐变。

Step 08 在【图层】面板中,设置【图层 1】图层的混合模式为【滤色】。

Step 09 在【图层】面板中,选中【水纹 拷贝】图层。选择【文件】|【置入嵌入对象】命令,打开【置入嵌入的对象】对话框。在该对话框中,选择所需的【水纹 1】图像文件,然后单击【置入】按钮。在图像文档中置入图像,设置其图层混合模式为【正片叠底】,并调整图像大小及位置,然后按 Enter 键确认。

Step 10 在【图层】面板中单击【添加图层蒙版】按钮,为【水纹 1】图层添加蒙版。选择【画笔】工具,在选项栏中设置柔边圆画笔样式、【不透明度】为 45%,然后使用【画笔】工具在蒙版中涂抹以修饰图像边缘效果。

Step 11 在【图层】面板中选中【水纹】图层,单击【添加图层蒙版】按钮,为【水纹】图层添加蒙版。然后使用【画笔】工具在蒙版中涂抹以修饰图像边缘效果。

Step 12 在【图层】面板中,选中【水纹 1】图层。选择【文件】|【置入嵌入对象】命令,打开【置入嵌入的对象】对话框。在该对话框中,选择所需的【水纹 2】图像文件,然后单击【置入】按钮。在图像文档中置入图像,设置其图层混合模式为

【正片叠底】，并调整图像大小及位置，然后按
Enter 键确认。

Step 13 在【图层】面板中，选中【水纹 1】图层蒙版，使用【画笔】工具融合水花效果。

Step 14 在【图层】面板中，选中【水纹 2】图层。选择【文件】|【置入嵌入对象】命令，打开【置入嵌入的对象】对话框。在该对话框中，选择所需的【水纹 3】图像文件，然后单击【置入】按钮。在图像文档中置入图像，设置其图层混合模式为【正片叠底】，并调整图像大小及位置，然后按Enter 键确认。

Step 15 在【图层】面板中，选中【蓝天】图层。选择【文件】|【置入嵌入对象】命令，打开【置入嵌入的对象】对话框。在该对话框中，选择所需的【彩虹】图像文件，然后单击【置入】按钮。在图像文档中置入图像，设置其图层的【不透明度】为 60%，并调整图像大小及位置，然后按 Enter 键确认。

Step 16 选择【文件】|【置入嵌入对象】命令，打开【置入嵌入的对象】对话框。在该对话框中，选择所需的【鸟】图像文件，然后单击【置入】按钮。在图像文档中置入图像，并调整图像大小及位置，然后按 Enter 键确认。

Step 17 在【图层】面板中，选中【水纹 3】图层。选择【横排文字】工具，在选项栏中设置字体为【方正粗谭黑简体】、字体大小为 89.5 点、字体颜色为 R:125 G:170 B:216，然后在图像中输入文字内容。

Step 18 在【图层】面板中，双击文字图层，打开【图层样式】对话框。在该对话框中，选中【投影】选项，设置【混合模式】为【正常】、【不透明度】为 100%、【角度】为 90°，取消选中【使用全局光】复选框，设置【距离】为 4 像素、【大小】为 2 像素。

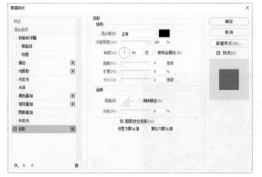

Step 19 在【图层样式】对话框中，选中【渐变叠加】选项，设置【混合模式】为【正常】、【不透明度】为 100%、【角度】为 180°，单击渐变预览条，在弹出的【渐变编辑器】对话框中设置渐变填充色为 R:185 G:185 B:185 至白色至 R:185 G:185 B:185，然后单击【确定】按钮关闭【渐变编辑器】对话框。

Step 20 在【图层样式】对话框中，选中【内发光】选项，设置【混合模式】为【点光】、【不透明度】

为 27%，设置发光颜色为 R:53 G:86 B:162，选中【边缘】单选按钮，设置【阻塞】为 8%、【大小】为 13 像素。

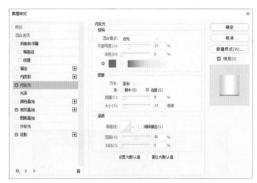

Step 21 在【图层样式】对话框中，选中【斜面和浮雕】选项，设置【样式】为【内斜面】、【方法】为【平滑】、【深度】为 1000%、【大小】为 80 像素，取消选中【使用全局光】复选框，设置【角度】为 120°、【高光模式】为【滤色】、颜色为白色、【不透明度】为 100%，设置【阴影模式】为【正片叠底】、颜色为黑色、【不透明度】为 14%，然后单击【确定】按钮。

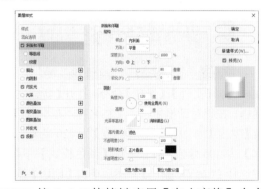

Step 22 按 Ctrl+T 快捷键应用【自由变换】命令，旋转并调整文字位置，完成啤酒广告的制作。

13.2　制作赛事海报

文件路径：第 13 章 \ 制作赛事海报
难易程度：★★★☆☆
技术掌握：文字工具、图层样式

扫一扫，看视频

案例效果：

Step 01 选择【文件】|【新建】命令，打开【新建文档】对话框。在该对话框中输入文档名称"赛事海报"，设置【宽度】为297毫米、【高度】为420毫米、【分辨率】为300像素/英寸，在【颜色模式】下拉列表中选择【CMYK颜色】，然后单击【创建】按钮。

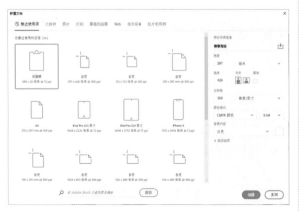

Step 02 选择【文件】|【置入嵌入对象】命令，打开【置入嵌入的对象】对话框。在该对话框中，选中所需的图像文件，然后单击【置入】按钮置入图像。

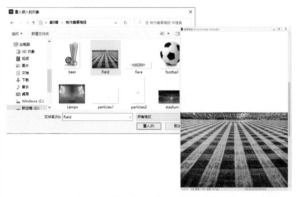

Step 03 在【图层】面板中，单击【创建新图层】按钮，新建【图层 1】图层。使用【矩形选框】工具在文档的上半部分创建选区，并按 Alt+Delete 组合键使用前景色填充选区。

Step 04 选择【文件】|【置入嵌入对象】命令，打开【置入嵌入的对象】对话框。在该对话框中，选中所需的 Stadium 图像文件，然后单击【置入】按钮置入图像，并调整置入图像的大小及位置。

Step 05 在【图层】面板中，单击【添加图层蒙版】按钮，选择【画笔】工具，在选项栏中设置画笔样式为柔边圆 900 像素、【不透明度】为 30%。然后使用【画笔】工具在刚置入图像的上部涂抹以融合图像边缘效果。

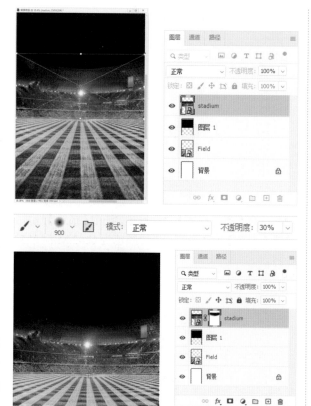

Step 06 选择【文件】|【置入嵌入对象】命令，打开【置入嵌入的对象】对话框。在该对话框中，选中所需的 Lamps 图像文件，然后单击【置入】按钮置入图像。在【图层】面板中，设置置入图像图层的混合模式为【线性减淡（添加）】。

Step 08 在【调整】面板中，单击【创建新的照片滤镜调整图层】按钮，在打开的【属性】面板的【滤镜】下拉列表中选择 Cooling Filter(LBB) 选项，设置【浓度】为 40%，创建【照片滤镜 1】图层。

Step 09 继续使用【画笔】工具，调整【照片滤镜 1】图层的蒙版效果。

Step 07 在【图层】面板中，单击【添加图层蒙版】按钮，为 Lamps 图层添加图层蒙版。选择【画笔】工具，在选项栏中设置画笔样式为柔边圆 1000 像素、【不透明度】为 10%，然后使用【画笔】工具调整图层蒙版效果。

Step 10 选择【文件】|【置入嵌入对象】命令，打开【置入嵌入的对象】对话框。在该对话框中，选中所需的 football 图像文件，然后单击【置入】按钮置入图像，并调整置入图像的大小及位置。

不透明度的白色、【缩放】为90%。

Step 11 选择【横排文字】工具并在画板中单击，在选项栏中单击【居中对齐文本】按钮，打开【字符】面板，设置字体样式为 Tw Cen MT Condensed Extra Bold、字体大小为180点、行间距为140点、字符间距数值为 −25、字体颜色为 C:68 M:62 Y:61 K:50，单击【仿斜体】按钮，然后输入文字内容。

Step 14 在【图层样式】对话框中，选中【描边】选项，设置【大小】为3像素、描边颜色为 C:62 M:54 Y:53 K:27。

Step 12 按 Ctrl+J 快捷键，复制文字图层。双击复制的文字图层，打开【图层样式】对话框。在该对话框中，选中【图案叠加】选项，设置【不透明度】为88%，在【图案】下拉列表中选择【灰度纸】图案库中的【灰色花岗岩花纹纸 (128×128 像素，灰度 模式)】图案，设置【缩放】为80%。

Step 15 在【图层样式】对话框中，选中【斜面和浮雕】选项，设置【大小】为32像素、【软化】为13像素，设置【高光模式】为【叠加】、颜色为白色、【不透明度】为15%，设置【阴影模式】为【线性加深】、颜色为黑色、【不透明度】为4%。

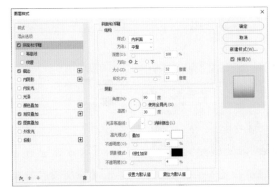

Step 13 在【图层样式】对话框中，选中【渐变叠加】选项，设置【混合模式】为【正常】、【不透明度】为73%，设置渐变为50% 不透明度的黑色至 0%

Step 16 在【图层样式】对话框中，选中【内阴影】选项，设置【混合模式】为【叠加】、内阴影颜色为白色、【不透明度】为75%、【距离】为3像素、【大小】为0像素。

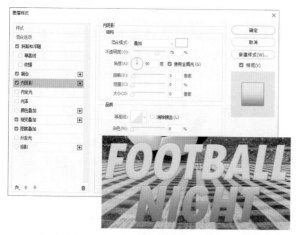

Step 17 在【图层样式】对话框中，选中【内发光】选项，设置【混合模式】为【叠加】、【不透明度】为 25%、【方法】选项为【精确】，设置【阻塞】为 50%、【大小】为 5 像素、【范围】为 100%。

Step 18 在【图层样式】对话框中，选中【外发光】选项，设置【混合模式】为【叠加】、【不透明度】为 30%、【扩展】为 0%、【大小】为 26 像素。

Step 19 在【图层样式】对话框中，选中【投影】选项，

设置【混合模式】为【线性加深】、投影颜色为黑色、【不透明度】为 30%、【距离】为 21 像素、【大小】为 26 像素，然后单击【确定】按钮。

Step 20 在【图层】面板中，选中步骤 (11) 创建的文字图层，按 Ctrl+T 组合键应用【自由变换】命令调整文字大小。

Step 21 在【图层】面板中，双击该文字图层，打开【图层样式】对话框。在该对话框中，选中【内阴影】选项，设置【混合模式】为【颜色加深】、内阴影颜色为黑色、【不透明度】为 30%、【角度】为 -90°、【距离】为 8 像素、【大小】为 90 像素。

Step 22 在【图层样式】对话框中，选中【内发光】选项，设置【混合模式】为【线性加深】、内发光颜色为黑色、【不透明度】为10%、【大小】为20像素。

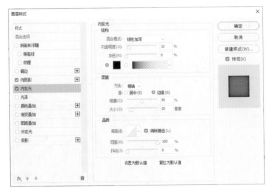

Step 23 在【图层样式】对话框中，选中【投影】选项，设置【混合模式】为【线性加深】、【不透明度】为55%、【距离】为2像素、【大小】为20像素，然后单击【确定】按钮。

Step 24 在【图层】面板中，选中 football 图层。选择【钢笔】工具，在选项栏中设置工作模式为【形状】、填充色为 C:100 M:42 Y:18 K:44，然后使用【钢笔】工具绘制形状。

Step 25 按 Ctrl+J 快捷键，复制【形状 1】图层，生

成【形状 1 拷贝】图层。在【图层】面板中，选中【形状 1】图层，使用【移动】工具调整位置。然后双击图层缩览图，在打开的【拾色器 (纯色)】对话框中，更改填充色为 C:68 M:62 Y:61 K:50。

Step 26 在【图层】面板中，双击【形状 1】图层，打开【图层样式】对话框。在该对话框中，选中【内阴影】选项，设置【混合模式】为【颜色加深】、阴影颜色为 C:75 M:68 Y:67 K:90、【不透明度】为30%、【角度】为 -90°、【距离】为7像素、【大小】为30像素。

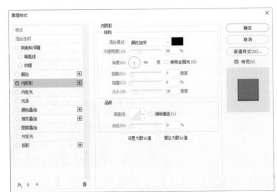

Step 27 在【图层样式】对话框中，选中【内发光】选项，设置【混合模式】为【线性加深】、【不透明度】为10%、发光颜色为 C:75 M:68 Y:67 K:90、【大小】为20像素。

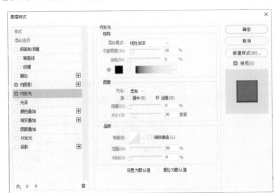

Step 28 在【图层样式】对话框中，选中【投影】选项，设置【混合模式】为【线性加深】、投影颜色为 C:75 M:68 Y:67 K:90、【距离】为 2 像素、【大小】为 25 像素，然后单击【确定】按钮。

Step 29 在【图层】面板中，选中最上方的图层。选择【文件】|【置入嵌入对象】命令，打开【置入嵌入的对象】对话框。在该对话框中，选中所需的 flare 图像文件，然后单击【置入】按钮置入图像，并调整图像的大小及位置。在【图层】面板中，设置图层混合模式为【滤色】。

Step 30 按 Ctrl+J 快捷键，复制 flare 图层，并按 Ctrl+T 组合键应用【自由变换】命令调整图像位置。

Step 31 选择【文件】|【置入嵌入对象】命令，打开【置入嵌入的对象】对话框。在该对话框中，选中所需

的 vuvuzelas 图像文件，然后单击【置入】按钮置入图像，并调整图像的大小及位置，然后连续按 Ctrl+[键将其移至足球图像下方。

Step 32 在【图层】面板中，选中最上方的图层。选择【横排文字】工具并在画板中单击，在【字符】面板中设置字体样式为 Tw Cen MT Condensed Extra Bold、字体大小为 80 点、字符间距为 -10，单击【仿斜体】按钮，然后输入文字内容。

Step 33 在【图层】面板中，右击【FOOTBALL NIGHT 拷贝】图层，在弹出的快捷菜单中选择【拷贝图层样式】命令；再右击 ATEAM VS BTEAM 图层，从弹出的快捷菜单中选择【粘贴图层样式】命令。

Step 34 在【图层】面板中，按 Ctrl 键并单击【创建新图层】按钮，新建【图层 2】图层。选择【画笔】工具，在选项栏中设置画笔样式为柔边圆 175 像素、【不透明度】为 20%，将前景色设置为黑色，然后使用【画笔】工具在图层中涂抹。

Step 35 选择【文件】|【置入嵌入对象】命令，打开【置入嵌入的对象】对话框。在该对话框中，选中所需的 beer 图像文件，然后单击【置入】按钮置入图像，并调整图像的大小及位置。

Step 36 选择【横排文字】工具并在画板中单击，在选项栏中单击【居中对齐文本】按钮，打开【字符】面板，设置字体样式为 Myriad Pro、字体大小为 21 点、字符间距为 -10、字体颜色为白色，单击【仿斜体】按钮，然后输入文字内容。

Step 37 选择【椭圆】工具，在选项栏中设置工作模式为【形状】、填充色为 C:47 M:89 Y:69 K:54，然后使用【椭圆】工具在画板中拖动绘制圆形。

Step 38 选择【横排文字】工具并在绘制的圆形上单击，在【字符】面板中设置字体样式为 Rockwell Condensed、字体大小为 30 点、字符间距为 -20、字体颜色为白色，然后输入文字内容。

Step 39 使用【横排文字】工具选中第二排文字，在【字符】面板中更改字体大小为 50 点、行间距为 48 点。再按 Ctrl+T 组合键应用【自由变换】命令旋转文字角度。

Step 40 选择【文件】|【置入嵌入对象】命令，打开【置入嵌入的对象】对话框。在该对话框中，选中所需的 particles1 图像文件，然后单击【置入】按钮置入图像，并在【图层】面板中设置图层混合模式为【叠加】。

Step 41 选择【文件】|【置入嵌入对象】命令，打开【置入嵌入的对象】对话框。在该对话框中，选中所需的 particles2 图像文件，然后单击【置入】按钮置入图像，并在【图层】面板中设置图层混合模式为【颜色减淡】，完成海报的制作。

13.3 制作 App 界面

| 文件路径：第 13 章 \ 制作 App 界面 |
| 难易程度：★★★☆☆ |
| 技术掌握：矢量绘图 |

扫一扫，看视频

案例效果：

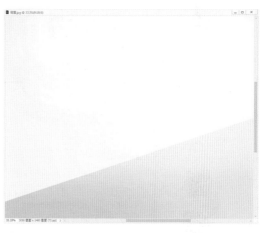

Step 01 选择【文件】|【打开】命令，在弹出的【打开】对话框中选中【背景】图像文件，然后单击【打开】按钮打开图像文件。

Step 02 选择【文件】|【置入嵌入对象】命令，在打开的【置入嵌入的对象】对话框中选中【圆角矩形】图像文件，然后单击【置入】按钮置入图像。

Step 03 选择【文件】|【置入嵌入对象】命令，在打开的【置入嵌入的对象】对话框中选中【人物】图像文件，单击【置入】按钮置入图像。

311

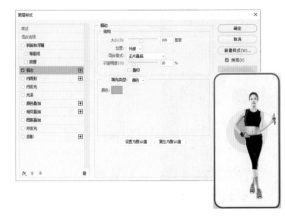

Step 04 在【图层】面板中，选中【圆角矩形】图层。选择【椭圆】工具，在选项栏中设置工作模式为【形状】、【填充】数值为 R:255 G:153 B:204、【描边】为【无】，然后使用【椭圆】工具在画板中单击并拖动鼠标来绘制圆形。

Step 05 在【图层】面板中，双击【椭圆 1】图层，打开【图层样式】对话框。在该对话框中，选中【描边】选项，设置描边颜色为 R:255 G:153 B:204、【大小】为 100 像素，在【位置】下拉列表中选择【外部】选项，设置【混合模式】为【正片叠底】、【不透明度】为 20%。

Step 06 单击【描边】选项右侧的╋按钮，设置【大小】为 150 像素、【不透明度】为 20%，选中【叠印】复选框。

Step 07 单击【描边】选项右侧的╋按钮，设置【大小】为 200 像素、【不透明度】为 10%，然后单击【确定】按钮。

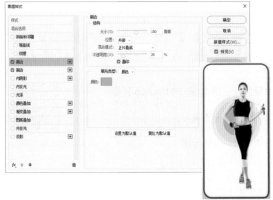

Step 08 选择【横排文字】工具，在选项栏中设置字体样式为 Arial、字体大小为 35 点，单击【居中对齐文本】按钮，并设置字体颜色为 R:93 G:93 B:93，然后在图像中单击并输入文字内容。输入完成后，按 Ctrl+Enter 组合键确认。

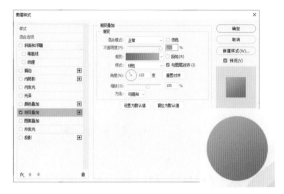

Step 09 在【图层】面板中选中文字图层、【人物】图层、【椭圆 1】图层和【圆角矩形】图层,右击图层,在弹出的快捷菜单中选择【从图层新建组】命令,打开【从图层新建组】对话框。在该对话框的【名称】文本框中输入"底图",在【颜色】下拉列表中选择【红色】选项,然后单击【确定】按钮。

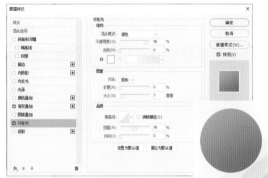

Step 10 在【图层】面板底部,单击【创建新组】按钮,新建【组 1】图层组。选择【椭圆】工具,在选项栏中设置工具模式为【形状】,然后按住 Shift 键在图像中单击并拖动鼠标来绘制圆形。

Step 13 选择【自定形状】工具,在选项栏中单击【形状】选项右侧的下拉按钮,打开下拉面板。单击下拉面板中的 ✿. 按钮,在弹出的菜单中选择【导入形状】命令,打开【载入】对话框。在该对话框中,选中 sports.csh 形状库文件,单击【载入】按钮。

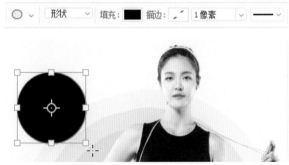

Step 11 双击【椭圆 1】图层,打开【图层样式】对话框。在该对话框中,选中【渐变叠加】选项,在【混合模式】下拉列表中选择【正常】选项,设置【不透明度】为 100%,单击【渐变】选项右侧的渐变条,在打开的【渐变编辑器】中设置渐变色为 R:234 G:63 B:123 至 R:253 G:157 B:191,设置【角度】为 122°。

Step 12 在【图层样式】对话框中,选中【外发光】选项,设置【混合模式】为【滤色】、【不透明度】为 90%、【大小】为 7 像素,然后单击【确定】按钮。

Step 14 选择【自定形状】工具,在选项栏中设置填充色为白色,单击【形状】选项右侧的下拉按钮,在打开的面板中选择所需的形状样式,然后使用【自定形状】工具在先前绘制的圆形中单击并按 Alt+Shift 组合键拖动鼠标来绘制形状。

Step 15 选择【横排文字】工具，在选项栏中设置字体样式为 Arial、字体大小为 16 点，单击【居中对齐文本】按钮，设置字体颜色为 R:93 G:93 B:93，然后输入文字内容。输入完成后，按 Ctrl+Enter 组合键确认。

Step 16 在【图层】面板中，选中【组 1】图层组，连续按 Ctrl+J 快捷键，复制【组 1】图层组，并按住 Shift 键移动【组 1 拷贝 3】图层组。在【图层】面板中，选中【组 1】至【组 1 拷贝 3】图层组，然后单击选项栏中的【垂直分布】按钮。

Step 17 在【图层】面板中，展开【组 1 拷贝】图层组，双击【椭圆 1】图层下的【渐变叠加】样式名称，打开【图层样式】对话框。在该对话框中，修改渐变色为 R:238 G:173 B:34 至 R:254 G:235 B:106，然后单击【确定】按钮。

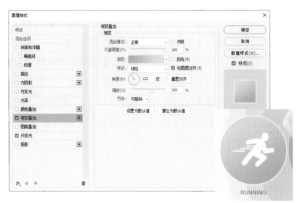

Step 18 在【图层】面板中，删除【组 1 拷贝】图层组中的【形状 1】图层。选择【自定形状】工具，在选项栏中单击【形状】选项右侧的下拉按钮，在弹出的下拉面板中选择所需的形状，然后按住 Alt+Shift 组合键在图像中绘制形状。

Step 19 选择【横排文字】工具并双击【组 1 拷贝】图层组中的文字内容，将其选中，然后重新输入文字内容。输入完成后，按 Ctrl+Enter 组合键确认。

Step 20 使用步骤(17)至步骤(19)的操作方法,将【组1拷贝2】图层组的渐变色更改为 R:161 G:93 B:251 至 R:215 G:185 B:254;删除【形状1】图层,重新绘制形状;重新输入文字内容。

绘制形状;重新输入文字内容,完成 App 界面的制作。

RUNNING

JUMP ROPE

Step 21 使用步骤(17)至步骤(19)的操作方法,将【组1拷贝3】图层组的渐变色更改为 R:25 G:142 B:227 至 R:133 G:203 B:254;删除【形状1】图层,重新

WALKING

13.4 制作网站首页

文件路径:	第 13 章 \ 制作网站首页
难易程度:	★★★☆☆
技术掌握:	绘制、变形对象

扫一扫,看视频

案例效果:

13.5 图像创意拼合效果

文件路径:	第 13 章 \ 图像创意拼合效果
难易程度:	★★★★☆
技术掌握:	抠图、拼合图像

扫一扫,看视频

案例效果:

Step 01 选择【文件】|【打开】命令，打开一个手机图像文件。选择【多边形套索】工具，在选项栏中设置【羽化】为3像素，然后使用【多边形套索】工具在图像中沿手机屏幕创建选区。

Step 02 选择【文件】|【打开】命令，打开另一个图像文件。按 Ctrl+A 快捷键全选图像，再按 Ctrl+C 快捷键复制图像。

Step 03 再次选中手机图像，选择【编辑】|【选择性粘贴】|【贴入】命令，生成【图层1】图层。

Step 04 按 Ctrl+T 快捷键应用【自由变换】命令，并按住 Ctrl 键调整图像定界框的角点位置。

Step 05 在【图层】面板中，选中【图层1】图层蒙版。选择【画笔】工具，在选项栏中设置柔边圆画笔样式、【不透明度】数值为30%，将前景色设置为白色，然后使用【画笔】工具调整图像效果。

Step 06 在【图层】面板中，单击【创建新图层】按钮，新建【图层2】图层。选择【仿制图章】工具，在选项栏中设置【不透明度】为60%，在【样本】下拉列表中选择【当前和下方图层】选项。按 Alt 键并使用【仿制图章】工具在图像中单击取样，然后使用【仿制图章】工具进一步仿制图像。

Step 07 选择【文件】|【打开】命令，打开图像文件。选择【钢笔】工具，在选项栏中设置工具模式为【路

径】选项，然后沿图像中的建筑创建路径。

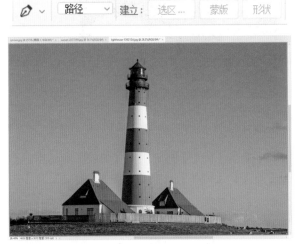

Step 08 选择【图层】|【矢量蒙版】|【当前路径】命令，创建矢量蒙版。

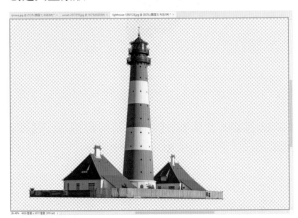

Step 09 在【图层】面板中，选择【复制图层】命令，打开【复制图层】对话框。在该对话框的【目标】选项组的【文档】下拉列表中选择手机图像名称，然后单击【确定】按钮。

复制图层	×
复制: 图层 0	确定
为(A): 图层 3	取消
目标	
文档: iphone.jpg	
画板: 画布	
名称(N):	

Step 10 再次选中手机图像，按 Ctrl+T 快捷键应用【自由变换】命令，调整建筑的大小及位置。

Step 11 选择【文件】|【打开】命令，打开图像文件。

选择【裁剪】工具，在图像中拖动裁剪框大小，设置保留区域，然后按 Enter 键应用裁剪。

Step 12 选择【背景橡皮擦】工具，在选项栏中设置【容差】为30%，然后在图像中拖动鼠标来去除背景。

Step 13 使用【橡皮擦】工具进一步擦除背景中的像素。

Step 14 在【图层】面板中，选择【复制图层】命令，打开【复制图层】对话框。在该对话框的【目标】选项组的【文档】下拉列表中选择手机图像名称，然后单击【确定】按钮。

Step 15 再次选中手机图像，按 Ctrl+T 快捷键应用【自由变换】命令，调整热气球的大小及位置。

Step 16 选择【文件】|【打开】命令，打开一个图像文件。打开【通道】面板，选择【红】通道。

Step 17 选择【图像】|【调整】|【曲线】命令，打开【曲线】对话框。在该对话框中单击【在图像中取样以设置黑场】按钮，然后在图像中单击吸取颜色。

Step 18 单击【确定】按钮关闭【曲线】对话框。选择【滤镜】|【模糊】|【高斯模糊】命令，打开【高斯模糊】对话框。在该对话框中设置【半径】为 3 像素，然后单击【确定】按钮。

Step 19 按 Ctrl 键并单击【红】通道缩览图，载入【红】通道选区，然后选择 RGB 复合通道。

Step 20 选择【选择】|【修改】|【收缩】命令，打开【收缩选区】对话框。在该对话框中，设置【收缩量】为 3 像素，然后单击【确定】按钮。

Step 21 打开【图层】面板，单击【添加图层蒙版】按钮为云朵图像添加图层蒙版，将【背景】图层转换为【图层 0】。

Step 22 在【图层】面板中，选择【复制图层】命令，打开【复制图层】对话框。在该对话框的【目标】

318

选项组的【文档】下拉列表中选择手机图像名称，然后单击【确定】按钮。

Step 23 再次选中手机图像，在【图层】面板中，设置【图层 5】图层的混合模式为【滤色】。然后按 Ctrl+T 快捷键应用【自由变换】命令，调整云朵的大小及位置。

Step 24 在【图层】面板中，选中【图层 5】图层蒙版。选择【画笔】工具，在选项栏中设置柔边圆画笔样式，将前景色设置为黑色，然后使用【画笔】工具调整云朵效果。

Step 25 在【图层】面板中，选中【图层 4】图层，单击【创建新图层】按钮，新建【图层 6】图层。选择【渐变】工具，在选项栏中单击渐变预览条，打开【渐变编辑器】对话框。在【渐变编辑器】对话框中，设置渐变色为 R:33 G:114 B:190 至白色，然后单击【确定】按钮。

Step 26 使用【渐变】工具在图像边缘单击，并按住鼠标向下拖动，创建渐变填充。在【图层】面板中，设置【图层 6】图层的混合模式为【正片叠底】、【不透明度】为 85%。

Step 27 在【图层】面板中，单击【添加图层蒙版】按钮添加图层蒙版。然后使用【画笔】工具调整蒙版效果。

13.6 外景人像写真调色

文件路径：第 13 章 \ 外景人像写真调色

难易程度：★★★☆☆

技术掌握：修复瑕疵、调色

扫一扫，看视频

案例效果：